普通高等教育"十三五"规划教材

应用微生物学实验

叶蕊芳　张晓彦　主编
郑一涛　副主编

化学工业出版社

·北京·

全书分为概述、微生物实验和附录三部分。概述主要讲述微生物实验课程开设的目的与意义、相关实验记录与报告的规范、实验室规则及安全注意事项、生物安全等内容。实验部分精选了微生物实验的无菌环境和操作，微生物实验的重要仪器，显微镜使用和形态学观察，微生物的培养、分离及生长，微生物遗传学技术，分子生物学技术，微生物检测和鉴定，微生物技术的应用等相关内容的实验。附录内容包括常用染色液的配制、常用培养基配方、常用缓冲液的配制。

　　本书以综合性大学、师范、医药和农林院校有关专业的大学本科生为对象，也可供其他微生物实验技术工作者参考。

图书在版编目(CIP)数据

　　应用微生物学实验/叶蕊芳，张晓彦主编 . ——北京：
化学工业出版社，2015.9（2023.10重印）
　　普通高等教育"十三五"规划教材
　　ISBN 978-7-122-24720-9

　　Ⅰ.①应… Ⅱ.①叶… ②张… Ⅲ.①微生物学-应用-
实验-高等学校-教材　Ⅳ.①Q939.9-33

　　中国版本图书馆 CIP 数据核字（2015）第 171023 号

责任编辑：赵玉清　　　　　　　　　　　　文字编辑：周　偶
责任校对：宋　玮　　　　　　　　　　　　装帧设计：张　辉

出版发行：化学工业出版社（北京市东城区青年湖南街 13 号　邮政编码 100011）
印　　装：北京印刷集团有限责任公司
787mm×1092mm　1/16　印张 11½　字数 284 千字　2023 年 10 月北京第 1 版第 7 次印刷

购书咨询：010-64518888　　　　　　售后服务：010-64518899
网　　址：http://www.cip.com.cn
凡购买本书，如有缺损质量问题，本社销售中心负责调换。

定　　价：28.00 元　　　　　　　　　　　　　　　　版权所有　违者必究

前　言

　　全书分为概述、微生物实验和附录三部分。概述主要讲述微生物实验课程开设的目的与意义、相关实验记录与报告的规范、实验室规则及安全注意事项、生物安全等内容。实验部分精选了微生物实验的无菌环境和操作，微生物实验的重要仪器，显微镜使用和形态学观察，微生物的培养、分离及生长，微生物遗传学技术，分子生物学技术，微生物检测和鉴定，微生物技术的应用等相关内容的实验。既有涉及对加强学生微生物实验基本操作和技能的传统实验，也有一些设计型和综合型实验。这些实验既可以单独进行，也可以组合起来成为综合型实验，便于安排教学。附录内容包括常用染色液的配制、常用培养基配方、常用缓冲液的配制，可供读者参考。

　　本书以综合性大学、师范、医药和农林院校有关专业的大学本科生为对象，在编写的时候总结了编者三十多年的微生物实验教学经验及学生参加工作后的反馈建议，注重操作细节的描述，以实现操作的可重复性。本书也可供其他微生物实验技术工作者参考。同时本书在每个实验中都设计了预习思考题，以帮助学生对理论课上学到的知识进行总结归纳，将实验知识与理论教学更好地联系在一起。本书可作为微生物实验课程的教材，也可以作为微生物实验技术的工具书。

　　本书第一章、第四章（实验九、十、十三、十六、十七）、第五章、第八章（实验三十三、三十四）由叶蕊芳编写，概述、第二章由邱勇隽编写，第三章、第六章由郑一涛编写，第四章（实验十一、十二、十四、十五）、第七章、第八章（实验三十、三十一、三十二）由张晓彦编写。

　　本书内容不妥之处，敬请读者批评指正。

编者
于华东理工大学

目　　录

概　述

1. 微生物实验课程开设的目的与意义

微生物学是生命科学的重要组成部分，是研究生命科学基础理论的主要学科，也是应用广泛的重要学科，微生物学的实验技术和方法已广泛应用于生命科学研究的各个方面和农业、工业、医药、环保等国民经济的各个领域。

微生物实验是培养相关专业学生独立研发能力的重要起点，通过微生物实验课程的学习，训练学生牢固树立无菌操作的概念，正确熟练地掌握微生物实验基本操作技能，在深入学习微生物学基本理论的基础上加深理解，培养学生发现问题、分析问题、解决问题的能力，实事求是、严肃认真的科学态度，独立思考、勇于创新的开拓精神，以及认真负责、团结协作、勤俭节约、爱护设备的优良作风，建立良好的实验习惯（实验前认真预习准备，实验中仔细观察记录，实验后定量分析总结）。

2. 微生物实验的特点

随着生物技术的飞速发展，微生物所涉及的领域也愈加广泛，包括生物制药、农业微生物、环境微生物、生物燃料、海洋微生物开发、微生物采油和食品微生物等领域。研究这些生物技术领域的基础是微生物技术，因此微生物技术在生物技术领域中有着不可替代的重要作用。纵观微生物技术的发展，从最初的酿造工业到现代发酵工业，从显微镜发明到电子显微镜的问世，从纯培养技术的创立到莱德伯格的细菌接合实验，从微生物的细胞水平到分子生物学水平，可以肯定微生物技术是在实践中发展起来的。微生物实验技术包括微生物的形态观察、微生物的纯培养技术、微生物的生长及对微生物生长的控制、微生物遗传育种和菌种保藏、微生物的细胞融合和基因工程，而贯穿微生物实验始终的是无菌操作。

微生物实验是一门操作性很强的课程，注重动手能力的培养，如无菌操作技术、微生物染色与显微镜观察技术、培养基制备与微生物的分离纯化技术，这些操作在不同实验中不断重复与强化，以期望学生能对这些基本操作达到正确无误、运用熟练的要求。

微生物实验是一门实用性很强的课程，是生命科学其他课程实验的基础，基因工程、细胞生物学、组织工程、发酵工程等专业课程实验都需要使用到微生物实验的无菌操作概念和基本操作技能，通过微生物实验将这些基本操作熟记于心，对于今后专业课程的理论学习和实践操作都有很大的帮助。

微生物实验是一门观察性很强的课程，微生物实验过程需要对微生物进行培养和分析，微生物的培养过程时间长，过程控制对于最终的结果有很大的影响，并且这些影响可以根据相关理论对其结果进行预期，因此需要认真操作，仔细观察，以确认对过程进行了正确的控制。

3. 基本要求

（1）知识基础和实验操作技能

想要做好微生物实验，无机化学、有机化学、分析化学等先修课程的基础知识和实验操作技能是必需的，玻璃器皿及其他实验用具的洗涤、化学试剂的称量、危险化学品的使用注意事项、各类分析设备的使用、原始数据有效数字的正确记录及处理、实验误差的控制、实验结果的分析及正确表述等，都是在微生物实验中同样需要注重的。

由于微生物培养过程同化学过程相比更复杂、影响因素更多、试验周期更长，如微生物的培养基成分、培养基灭菌的条件、种子的质量与数量、微生物的培养条件等都有可能对实验结果造成影响，带来误差，因此微生物实验要注重操作细节的正确描述，合理设计实验操作方法，减少各类操作的差异性，保证实验操作的可重复性，减少平行实验的误差。

（2）微生物实验室规则

① 实验前必须认真预习，充分阅读实验教材并复习微生物学教材相关理论知识，明确实验的目的、原理、操作步骤，懂得每一步操作的意义，清楚每一个所需记录的原始数据，了解所用仪器的使用方法，否则不得开始实验。

② 每个同学在进入实验室开始正式实验之前，应该了解实验室相关安全设备的位置，包括电的总闸、水的总开关、煤气的总擎、消防设施（消防龙头、灭火器、砂箱、防火毯、防毒面具等）所在位置，知道逃生通道所在。

③ 每个同学在开始实验之前，应该了解实验室用电、用水、用煤气的安全注意事项，阅读过实验过程中所需使用到的化学试剂的化学品安全说明书（material safety data sheet，MSDS），并按要求进行相关试剂的使用操作和安全防护准备。

④ 实验室要保持整洁，与实验无关的物品请勿带入实验室；进入实验室进行实验应该穿干净的白大褂，着不露趾的软底鞋（不得穿拖鞋、凉鞋），女同学要把长头发束好，确保束发的绳子不会松开。

⑤ 每个同学都应自觉遵守实验室纪律，不迟到、不早退，在实验室内不大声谈笑，更不得奔跑、玩耍及打闹；在实验室内不准饮食，不得将饮料、食品带入实验室，不准用嘴湿润铅笔、标签等物品，切勿以手指或其他物品接触面部，避免感染。

⑥ 实验过程中要听从指挥，严格按照操作规程进行实验，并把实验数据、过程现象和结果及时、如实地记录在实验记录本上，文字要简练、准确，完成实验记录经老师检查签字确认后，方可离开实验室。

⑦ 使用仪器时，应小心仔细，严格按照操作规程操作使用，防止损坏仪器，仪器一旦发生故障，应立即停止运行，切断电源后报修，不得自行动手检修。

⑧ 实验室内严禁吸烟！煤气灯应随用随关，乙醇、丙酮、乙醚等有机溶剂不能用明火

直接加热并应远离火源操作和放置。

⑨ 所有仪器，特别是玻璃器皿，必须稳妥地放在实验桌的中央位置。如有打破仪器，应第一时间通知老师，碎玻璃应用硬壳容器包装后丢弃，不能直接投入垃圾桶。

⑩ 实验完毕，要清洁仪器，将实验台面打扫干净，实验台面应保持整洁，仪器、药品摆放整齐，公用试剂使用完毕，要立即将瓶盖盖严后归还原处；洗净双手；检查煤气开关、水龙头，关闭门窗及电灯，拉下电闸后方可离开实验室。离开实验室前应认真、仔细、负责地检查水、电、煤气情况，防止发生安全事故。

⑪ 对于当时不能得到结果而需要连续观察的实验，需要在样品上做好标签，注明样品的名称（what）、制备人（who）以及时间（when），同时每次观察都要做好相应的记录，以便于最后的汇总分析。

⑫ 实验室内的物品，未经许可，严禁带出室外，如果借用物品应办理登记手续。

⑬ 在实验室内嗅到煤气，应立即通知老师，关上煤气总掣，打开所有窗门，灭掉附近明火，若气味持续，立刻疏散到安全地方，千万不能开关电器，如排风扇、开关电灯、摁门铃、打手机！

（3）实验记录及报告规范

① 实验报告本是专门用于记录实验相关事宜的本子，不能用于其他用途。

② 实验报告本的封面应该包含至少以下基本信息：使用人的姓名，该报告本使用的起始-终止日期，实验报告本的每一页都应该有编号，在使用完毕时，不得缺页。

③ 实验报告分为实验目的、实验原理、实验器材、实验步骤、实验记录、结果与讨论六部分，实验前要做好相关实验的预习工作，在实验报告本上完成实验目的、实验原理、实验器材、实验步骤四部分内容以及实验记录表格的设计，实验过程中将实验记录记入报告本，再完成相关的结果与讨论，就完成了一份实验报告。

④ 实验记录基本要求是字迹书写清晰，数据记录明了，如需修改，不得使用修正液或笔涂改，而应该用笔划一条删除线，标明需要删除的错误内容，然后在其旁边写出正确的结果，并且本人在修改处签名确认。

⑤ 实验中的每一个操作，在实验记录本中都可以找到原始记录。

⑥ 实验中使用的仪器设备需要记录具体的生产厂家、型号、规格及使用条件等信息。

⑦ 在每次完成实验后，实验记录要经过任课教师当场签字确认后方可离开实验室。

4. 生物安全

（1）生物安全的概念

生物安全（biological safety，bio-safety）——是指安全转移、处理和使用那些利用现代生物技术而获得的遗传修饰生物体，避免其对生物多样性和人类健康可能产生的潜在影响。该影响狭义指现代生物技术的研究、开发、应用以及转基因生物的跨国越境转移可能对生物多样性、生态环境和人类健康产生潜在的不利影响；广义指与生物有关的各种因素对社会、经济、人类健康及生态系统所产生的危害或潜在风险。生物类实验室需要进行生物安全管理，这不仅直接关系到实验室工作人员的健康和安全，而且关系到公众安全、环境安全和社会稳定。

（2）生物因子的分类（级）

生物因子的分类（级）规定是根据病原微生物的传染性、感染后对个体或者群体的危害

3

程度分类。我国将病原微生物分为四类：第一类病原微生物，是指能够引起人类或者动物非常严重疾病的微生物，以及我国尚未发现或者已经宣布消灭的微生物；第二类病原微生物，是指能够引起人类或者动物严重疾病，比较容易直接或者间接在人与人、动物与人、动物与动物之间传播的微生物；第三类病原微生物，是指能够引起人类或者动物疾病，但一般情况下对人、动物或者环境不构成严重危害，传播风险有限，实验室感染后很少引起严重疾病，并且具备有效治疗和预防措施的微生物；第四类病原微生物，是指在通常情况下不会引起人类或者动物疾病的微生物。第一类、第二类病原微生物统称为高致病性病原微生物。

生物安全实验室是通过实验室设计建造、实验设施的配置、个人防护装备的使用，通过严格遵守预先制定的安全操作程序和管理规范等综合措施，确保操作生物危险因子的工作人员不受实验对象的伤害，确保周围环境不受其污染的实验室。2004 年，我国发布了GB19489《实验室生物安全通用要求》（2008 年重新修订），规定了我国生物安全实验室的使用规范：生物安全防护水平为一级的实验室（BSL-1/ABSL-1），适用于第四类病原微生物；生物安全防护水平为二级的实验室（BSL-2/ABSL-2），适用于第三类病原微生物；生物安全防护水平为三级的实验室（BSL-3/ABSL-3），适用于第二类病原微生物；生物安全防护水平为四级的实验室（BSL-4/ABSL-4），适用于第一类病原微生物。

（3）相关的法律法规

2004 年实验室 SARS 感染事件发生后，我国对于实验室生物安全越来越重视，相关法律法规不断出台，2004 年 8 月 28 日第十届全国人民代表大会常务委员会第十一次会议修订通过的《中华人民共和国传染病防治法》于 2004 年 12 月 1 日起开始实施，2006 年《中华人民共和国刑法修正案》明确规定：在生产、作业中违反有关安全管理、强令他人违章冒险作业、安全生产设施或者安全生产条件不符合国家规定，因而发生重大伤亡事故或者造成其他严重后果的，对直接责任人和其他直接责任人，追究刑事责任。国务院 2003 年及 2004 年也颁布了《突发公共卫生事件应急条例》、《医疗废物管理条例》以及《病原微生物实验室生物安全管理条例》条例。中华人民共和国卫生部 2006 年也制定了《可感染人类的高致病性病原微生物菌（毒）种或样本运输管理规定》、《人间传染的病原微生物名录》、《人间传染的高致病性病原微生物实验室和实验活动生物安全审批管理办法》等一系列管理规定。

（4）微生物实验中生物安全的实施

在微生物实验中需要注重生物安全，一方面要注意保重自身健康，在实验前先要明确所使用菌种的生物安全等级，根据其生物安全等级选择合适的实验室条件及采取适当的防护措施；另一方面要注意避免因为操作不当导致环境污染，及时将各种使用后的带菌液体采用适当的方式进行灭活，避免各类病原微生物、质粒、抗性基因片段在环境中传播。

第一章
微生物实验的无菌环境和操作

微生物是人肉眼看不见的微小生物，而且微生物的营养类型多、繁殖快，因此无论是土壤、水还是空气中都有微生物的存在。我们在微生物的研究或应用中，要进行微生物的分离、接种和培养的操作，在这些微生物技术操作中要注意防止环境中的"杂菌"污染我们研究的纯培养物、接种物之间的交叉污染和接种物污染到环境中，这就是微生物的无菌操作技术。它是保证微生物研究和应用正常进行的关键，因此在进行微生物实验时，一定要牢固树立无菌操作这一概念。

第一节 微生物实验的无菌环境

无菌环境是人们利用物理或化学方法，使微生物数量在一可控制空间内降低到最低限度。无菌环境是相对而言的。常见的无菌环境有无菌室、超净工作台等。

一、无菌室

无菌室通常由更衣间、缓冲间、操作间三部分组成。其面积不能过大，一般在 10m² 左右。无菌室的建立应远离交通主干道，以减少因人、汽车等的运动而使空气中尘土飞扬对环境质量的影响。内部装修则应平整、光滑，尽量减少棱角，除照明灯外，还需安装用于消毒无菌室的紫外线杀菌灯（一般为 30W）；门窗密封好，为减少空气的流动，无菌室的门一般使用拉门。室内应装有调温设备和净化空气输入装置，最好还安装一个专用于物品进出的传递窗。

1. 无菌室的消毒

新建的无菌室，初次使用前可采用甲醛熏蒸，具体操作如下：用不锈钢杯按无菌室体积装一定量的高锰酸钾（2~3g/m³），用双层纱布盖住杯口，然后缓缓加入 36%~40% 的甲醛溶液（30~35ml/m³），人立刻离开，密闭 12h 后备用。为了减少甲醛的刺激，在使用无菌室 1~2h 之前，用相同量的氨水挥发中和。以后可用紫外线杀菌灯照射，即在使用无菌室之前，用紫外线灯照射 30min，进行杀菌。

为保持无菌室的无菌状态，无菌室必须经常消毒，一般在每天使用前用 0.1% 新洁尔灭

5

溶液（溴化二甲基十二烷基苄铵，简称苯扎溴铵）或 70％的乙醇溶液擦拭操作台面、地面，并用紫外线照射 0.5～1h，每月用甲醛或过氧乙酸熏蒸 2h。

此外，无菌室内物品应力求简洁，凡与无菌室工作无直接关系的物品一律不能放入，以利保持无菌状态，避免因物品长期堆放形成死角。室内的空气与外界空气必须绝对隔绝，预留的通气孔道也应尽量密闭。通气孔道一般设有上下气窗，气窗面积宜稍大，并覆盖 4 层纱布以起到简单滤尘的作用。

由于有时实际情况往往不易全面做到理想的状态，因此只要严格无菌操作手续，在门窗敞开的室内，有一超净台的保护，接种的污染率是可以满足实验或生产的无菌要求的。

2. 无菌室的空气系统

微生物是活的粒子，某些产孢子或芽孢的微生物在不利的状态下会变成孢子或芽孢，它们有很强的抵抗不良环境的能力和很长的潜伏期，是一种持续的潜在隐患。微生物会在空调系统中不断积存，一旦条件合适，就会大量繁殖。而不论普通空调系统还是工业净化空调系统都很容易在局部产生积尘和水分（或高湿度），形成一次污染。这一次污染（尘埃与水分的积累）恰恰为微生物的繁殖提供了必要条件，有可能导致细菌大量定殖、繁殖，产生大量有害的代谢物，形成了所谓的二次污染。尤其在空调箱整个系统停机期间（如下班或放假），会由于室外空气渗入、箱内温度回升以及冷凝水的积水不断蒸发，箱内的空间成为细菌繁殖的理想场所。因此一般的无菌室可不安装空调系统，一定要安装通风空调系统的无菌室，应按要求安装并定期清洁。

二、超净工作台

它是一种无菌操作设备，有垂直层流和水平层流两种气流形式。通过两级过滤吹出洁净气流，并将尘埃粒子和生物颗粒带走，形成无尘无菌的工作环境，也就是说超净工作台创造了一个无菌的小环境。超净工作台操作方便，比较舒适，工作效率较高，一般开机 10min 以上即可使用。在企业的生产中，如果接种工作量较大，需要经常长久地工作时，超净工作台是一个理想的设备。如需要严格的无菌操作要求时，在超净工作台上还要放置酒精灯，并在酒精灯的火焰旁操作。当然将超净工作台放在无菌室中效果更好。

1. 超净工作台的结构

超净工作台主要由鼓风机和空气过滤介质组成，另外附加工作台。

它由三相电机作鼓风动力，功率 145～260W，将空气通过由特制的微孔泡沫塑料片层叠组成的"超级滤清器"后吹送出来，经过"超级滤清器"，除去了大于 0.3μm 的尘埃、真菌和细菌孢子等，从而形成连续不断的无尘无菌的超净空气层流。超净空气的流速一般为24～30m/min，这样的空气流速已足够防止附近空气可能袭扰而引起的污染，也不会妨碍采用酒精灯对器械等的灼烧消毒。

超净工作台进风口在背面或正面的下方，金属网罩内有一普通泡沫塑料片或无纺布（粗过滤），用以阻挡大颗粒尘埃，而工作台正面的金属网罩内是超级滤清器（精过滤），即所谓的二级过滤。对于"粗过滤"应常检查、拆洗，如发现泡沫塑料老化，要及时更换。超级滤清器如因使用年久，尘粒堵塞，风速减小，不能保证无菌操作时，应进行更换。

有些超净工作台上还装有紫外线灯，但应安装在照明灯罩之外，因为紫外线不能穿透普通玻璃，并错开照明灯平行排列。

2. 超净工作台的操作

超净工作台电源多采用三相四线制，其中有一零线，连通机器外壳，应接牢在地线上，另外三线都是相线，工作电压是 380V。三线接入电路中有一定的顺序，如线头接错了，风机会反转，虽然风机无明显不正常情况，但超净工作台正面无风（可用酒精灯火焰观察动静），此时应及时切断电源，并将其中任何两相的线头交换一下位置再接上，就可解决。三相线如只接入两相，或三相中有一相接触不良，则机器声音很不正常，应立即切断电源仔细检修，否则会烧毁电机。

超净工作台使用寿命的长短与空气的洁净程度有关，因此一定要保持房间的清洁。一般情况下，为延长其使用寿命，超净工作台的进风罩不要对着敞开的门或窗。

3. 超净工作台的种类

根据超净工作台的结构和气流形式，将其分为水平层流超净工作台和垂直层流超净工作台（图 1-1）。水平层流超净工作台，其气流方向为自前往后水平送风；垂直层流超净工作

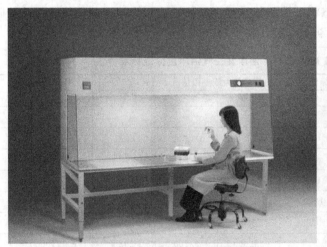

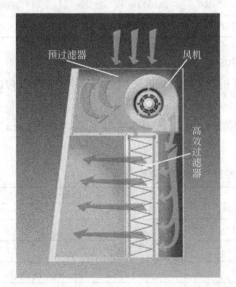
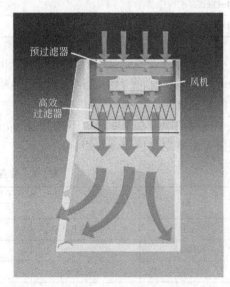

图 1-1 超净工作台

7

台，其气流方向自上往下垂直送风。这两种都能满足实验的需要，一般选择时看哪种送风形式对实验影响最小。通常都选用垂直层流超净工作台，因为气流为垂直流形，准闭合式台面，可有效防止操作异味对人体的刺激。如果在超净工作台里要放显微镜，那垂直送风的气流会被显微镜阻挡，此时选择水平层流超净工作台比较好。

三、环境无菌检测的方法

无菌室必须定期检查其灭菌效果和操作过程中空气的污染程度。环境的无菌检测主要是检测无菌室的尘埃粒子和微生物（浮游菌和沉降菌），有静态测试和动态测试两个指标。

静态测试：无菌环境的工艺设备已安装完毕，净化空气调节系统已处于正常运行状态，但还未交付使用的情况下进行的测试。

动态测试：无菌环境已处于正常工作状态下进行的测试。

一般无菌环境的空气洁净度等级以静态控制为先决条件。在无菌室调试结束，即将开始运行时必须进行静态测试，在运行以后一般每月进行一次动态测试。

无菌室的洁净度根据静态和动态状态检测其悬浮尘埃粒子数划分不同的等级。目前国际标准 ISO14644-1 将空气洁净度分为 9 个等级（表 1-1）。

表 1-1 国际标准 ISO14644-1 洁净室空气洁净度分级标准

空气洁净度等级	空气中大于或等于所标粒径(μm)的粒子最大浓度限值/(个/m³)						美国联邦标准 (Fed. St. 209 系列)
	0.1	0.2	0.3	0.5	1	5	
ISO class 1	10	2					
ISO class 2	100	24	10	4			
ISO class 3	1000	237	102	35	8		1
ISO class 4	10000	2370	1020	352	83		10
ISO class 5	100000	23700	10200	3520	832	29	100
ISO class 6	100000	237000	102000	35200	8320	293	1000
ISO class7				352000	83200	2930	10000
ISO class 8				3520000	832000	29300	100000
ISO class 9				35200000	8320000	293000	1000000

另外还有著名的美国联邦标准（Fed. St. 209 系列），ISO14644-1 的 ISO class 5 相当于 Fed. St. 209 系列的 100 级。我国 2001 年修订的洁净室标准采用的是国际标准 ISO14644-1 中的相关规定。

一般洁净度在 100 级以下的用 0.5μm 粒径为标准。表 1-2 列出了基于 ≥0.5μm 粒径的我国无菌室空气洁净度等级标准。

表 1-2 我国无菌室空气洁净度等级

等级	≥0.5μm 粒子数		≥5μm 粒子数	
	个/m³空气	个/L空气	个/m³空气	个/L空气
100	≤35×100	3.5		
1000	≤35×1000	35	≤250	0.25
10000	≤35×10000	350	≤2500	2.5
100000	≤35×100000	3500	≤25000	25

应用微生物学实验

现在 2010 年版 GMP 标准采用 ABCD 四个等级（表 1-3），传统标准和 2010 年版 GMP 标准的比较见表 1-4。

表 1-3　2010 年版 GMP 标准

| 洁净度等级 | 悬浮粒子最大允许数/(个/m³) | | | |
| | 静态 | | 动态 | |
	≥0.5μm	≥5μm	≥0.5μm	≥5μm
A	3520	20	3520	20
B	3520	29	352000	2900
C	352000	2900	3520000	29000
D	3520000	29000	无规定	无规定

表 1-4　空气洁净度传统标准和 2010 年版 GMP 标准的比较

| 洁净度等级 | 悬浮粒子最大允许数/(个/m³) | | | |
| | 静态 | | 动态 | |
	≥0.5μm	≥5μm	≥0.5μm	≥5μm
A	传统百级，以粒径≥5μm 考虑为 ISO4.8		传统百级，以粒径≥5μm 考虑为 ISO4.8	
B	传统百级，ISO5		传统万级，ISO7	
C	传统万级，ISO7		传统十万级，ISO8	
D	传统十万级，ISO8		无规定	

1. 尘埃粒子的检测

检测的尘埃粒子一般颗粒直径为 0.001～1000μm 的固态和液态物质。对于粒径大于或等于 0.5μm 的悬浮粒子可用光散射粒子计数器，即利用空气中的悬浮粒子在光的照射下产生光散射现象，散射光的强度与粒子的表面积成正比的原理来检测。对于粒径大于或等于 5μm 的悬浮粒子可用滤膜显微镜检测。

（1）采样点数目及其布置

悬浮粒子洁净度监测的采样点数目及其布置应根据实验或产品的生产及工艺关键操作区设置。采样点应避开回风口，采样时，测试人员应在采样口的下风侧。

采样点的布局：采样点布置力求均匀，避免采样点在某局部区域过于稀疏。通常的采样点布局如图 1-2。

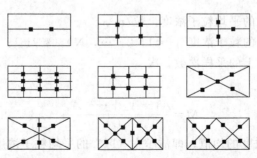

图 1-2　悬浮粒子洁净度监测的采样点布局

最少采样点数目见表 1-5。

表 1-5　悬浮粒子洁净度监测最少采样点数目

面积/m²	洁净度级别		
	100	10000	100000
＜10	2～3	2	2
≥10～＜20	4	2	2
≥20～＜40	8	2	2
≥40～＜100	16	4	2
≥100～＜200	40	10	3
≥200～＜400	80	20	6
≥400～＜1000	160	40	13
≥1000～＜2000	400	100	32
2000	800	200	63

注：表中的面积，对于单向流洁净室，指的是送风面积；对于非单向流洁净室，指的是房间面积。单向流即层流，指气流沿着平行流线，以一定流速、单一通路、单一方向流动。非单向流指气流有多个通路循环特性或气流方向不平行。

采样点的位置：采样点一般在离地面 0.8m 高度的水平面上均匀布置。如采样点大于 5，可以在离地面 0.8～1.5m 高度的区域内分层布置，但每层至少 5 个取样点。

对任何小洁净室或局部空气净化区域，采样点的数目不得少于 2 个，总采样次数不得小于 5 次。每个采样点的采样次数可以多于 1 次，且不同采样点的采样次数可以不同。

采样量：不同洁净度级别每次最小的采样量见表 1-6。

表 1-6　悬浮粒子洁净度监测最小采样量

洁净度级别	采样量/(L/次)	
	≥0.5μm	≥5μm
100	5.66	—
10000	2.83	8.5
100000	2.83	8.5

（2）结果计算

悬浮粒子浓度的采样数据可按下列步骤进行统计计算。

采样点的平均粒子浓度：

$$A = \frac{C_1 + C_2 + \cdots + C_N}{N} \tag{1-1}$$

式中　A——某一采样点的平均粒子浓度，粒/m³；

C_i——某一采样点的粒子浓度（$i=1$，2，…，N），粒/m³；

N——某一采样点上的采样次数，次。

平均粒子浓度的均值：

$$M = \frac{A_1 + A_2 + \cdots + A_L}{L} \tag{1-2}$$

式中　M——平均粒子浓度的均值，即洁净室（区）的平均粒子浓度，粒/m³；

A_i——某一采样点的平均粒子浓度（$i=1$，2，…，L），粒/m³；

L——某一洁净室（区）内的总采样点数，个。

标准误差：

应用微生物学实验

$$SE = \sqrt{\frac{(A_1-M)^2+(A_2-M)^2+(A_L-M)^2}{L(L-1)}} \qquad (1\text{-}3)$$

式中　SE——平均粒子浓度均值的标准误差，粒/m^3。

置信上限：$\qquad\qquad\qquad UCL = M + t \times SE$

式中　UCL——平均值均值的95％置信上限，粒/m^3；

　　　t——95％置信上限的 t 分布系数，见表1-7。

表1-7　95％置信上限的 t 分布系数

采样点数 L	2	3	4	5	6	7	8	9	>9
t	6.31	2.92	2.35	2.13	2.02	1.94	1.90	1.86	—

注：当采样点数多于9个点时，不必计算 UCL。

（3）结果评定

判断悬浮粒子洁净度级别的两个依据：

① 每个采样点的平均粒子浓度必须低于或等于规定的级别界限，即 $A_i \leqslant$ 级别界限。

② 全部采样点的粒子浓度平均值均值的95％置信上限必须低于或等于规定的级别界限，即 $UCL \leqslant$ 级别界限。

2. 浮游菌的检测

浮游菌是指悬浮在空气中的活微生物粒子，其大小一般在 $0.001 \sim 1000 \mu m$ 之间。

通过浮游菌采样器收集悬浮在空气中的生物性粒子，培养在特定的培养基上。在适宜的生长条件下，经一定时间，繁殖到可见的菌落进行计数，判定环境内单位体积空气中的活微生物数，从而评定环境的洁净度。

（1）浮游菌采样器

浮游菌采样器宜采用撞击法机理的采样器，有狭缝式采样器和离心式采样器两种。狭缝式采样器由附加的真空抽气泵抽气，通过采样器的缝隙式平板，将采集的空气喷射并撞击到缓慢旋转的平板培养基表面上，附着的活微生物粒子经培养后形成菌落并计数。离心式采样器利用内部风机的高速旋转，使气流从采样器前部吸入而从后部流出，并在离心力的作用下，空气中的活微生物粒子撞击到专用的固形培养条上，经培养后形成菌落并计数。

（2）检测方法

采样器的消毒：检测前仪器表面、培养皿必须严格消毒。采样器进入被测房间前先用消毒房间的消毒剂消毒，用于100级洁净室的采样器宜一直放在被测房间内。

采样：采样口及采样管，使用前高温灭菌；采样前，先用消毒剂将采样器的顶盖、转盘以及罩子的内外面进行消毒，然后开动真空泵抽气，时间不少于 5min，使仪器中的残余消毒剂蒸发，并调好流量、转盘转速。将真空泵关闭后，放入培养皿，盖上盖子并调节采样器缝隙高度。将采样口放于采样点后，依次开启采样器、真空泵，转动定时器，并根据采样量设定采样时间。采样结束，再用消毒剂轻轻喷射罩子的内壁和转盘。

培养：采样结束后，将培养皿倒置于 $30 \sim 35$℃恒温培养箱中培养48h以上。待菌落长出后进行计数。

对于单向流或送风口，采样器采样管口朝向应正对气流方向；对于非单向流，采样管口向上。采样时，至少应离开尘粒较集中的回风口1m以上，测试人员应站在采样口的下风侧。

（3）采样点数量及其位置

最少采样点数目和最少采样量：浮游菌测试的最少采样点数目分为日常监测及环境验证两种情况，具体参考表1-8和表1-9。

表1-8　浮游菌测试最少采样点数目

面积/m²	洁净度级别					
	100级		10000级		100000级	
	验证	监测	验证	监测	验证	监测
<10	2～3	1	2	1	2	—
≥10～<20	4	2	2	1	2	—
≥20～<40	8	3	2	1	2	—
≥40～<100	16	4	4	1	2	—
≥100～<200	40	—	10	—	3	—
≥200～<400	80	—	20	—	6	—
400	160	—	40	—	13	—

注：1. 表中的面积，对于100级的单向流洁净室（包括层流工作台），指的是送风口表面积；对于10000级、100000级的非单向流洁净室，指的是房间面积。

2. 日常监测的采样点数由生产工艺的关键操作点来确定。

表1-9　浮游菌测试最小采样量

洁净度级别	采样量/（L/次）	
	日常监测	环境验证
100级	600	1000
10000级	400	500
100000级	0	100

采样点的位置：同悬浮粒子测试点。见图1-2。

（4）结果计算

用计数方法得出各个培养皿的菌落数，并按式（1-4）计算每个检测点的浮游菌平均浓度。

$$平均浓度（个/m^3）＝菌落数/采样量 \qquad (1-4)$$

（5）结果评定

用浮游菌平均浓度判断洁净室（区）空气中的微生物。每个检测点的浮游菌平均浓度必须低于所选定的评定标准中关于细菌浓度的界限。我国的标准和世界卫生组织的（表1-10）是一致的。

表1-10　世界卫生组织（WHO）浮游菌测定的标准

洁净度级别	世界卫生组织（WHO）GMP
	微生物的最大允许数/（个/m³）
A	≤3
B	10
C	100
D	200

3. 沉降菌的检测

沉降菌检测是通过自然沉降原理使在空气中的生物粒子沉降于培养基平皿，在适宜的条件下经一定时间，使其繁殖到可见的菌落后进行计数，以培养皿中的菌落数来判定环境内的活微生物数，并以此来评定环境的洁净度。

（1）采样点数目及其位置

沉降法的最少采样点见表1-11。沉降菌检测最少培养皿数见表1-12。

表 1-11　沉降法的最少采样点数目

面积/m²	洁 净 度 级 别		
	100	10000	100000
＜10	2～3	2	2
≥10～＜20	4	2	2
≥20～＜40	8	2	2
≥40～＜100	16	4	2
≥100～＜200	40	10	3
≥200～＜400	80	20	6
≥400～＜1000	160	40	13
≥1000～＜2000	400	100	32
2000	800	200	63

注：表中的面积，对于单向流洁净室，指的是送风面面积；对于非单向流洁净室是指的房间面积。

表 1-12　沉降菌检测最少培养皿数

洁净度级别	所需 φ90mm 培养皿数（以沉降 0.5h 计）
100	14
10000	2
100000	2

沉降菌检测采样点的位置见图1-2。

（2）检测步骤

取样：将已制备好的培养皿放置在检测点，打开培养皿盖，使培养基表面暴露于空气中30min，然后将培养皿盖盖上。

培养和计数：将培养皿倒置于30～35℃恒温培养箱中培养48h，待长出菌落后计数。

（3）结果计算

$$平均菌落数 M = (M_1 + M_2 + \cdots + M_n)/n \qquad (1-5)$$

式中　M——平均菌落数；

M_1——1号培养皿菌落数；

M_2——2号培养皿菌落数；

M_n——n号培养皿菌落数；

n——培养皿总数。

用平均菌落数判断洁净室（区）空气中的微生物（表1-13）。环境内的平均菌落数必须低于所选定的评定标准。

表 1-13　世界卫生组织（WHO）有关沉降菌测定的标准

洁净度级别	世界卫生组织（WHO）标准 /[CFU/(ϕ90mm・4h)]
A	<3
B	5
C	50
D	100

注：我国的标准是培养基表面暴露于空气 30min。

第二节　微生物实验的无菌操作

一、无菌操作前的准备工作

1. 无菌室的准备

在无菌室灭菌前，先将室内打扫干净，工作面、地面用消毒水擦洗（一般的消毒液为 0.1% 新洁尔灭）；然后将实验所需的器材（除了菌种）放入无菌室工作台上；用紫外线灯照射 30 min 后，将紫外线灯关闭，备用。

2. 操作人员的准备工作

操作人员进入无菌室前，先进行手部的消毒（消毒液一般为 0.1% 新洁尔灭）；穿戴无菌工作服（衣服、鞋、帽、口罩等）；实验操作前再用酒精棉进行手部消毒。

3. 实验操作过程的要求

操作过程中动作幅度不宜过大，以免搅动空气；玻璃仪器应轻取轻放，防止玻璃仪器的破碎而造成培养物的扩散；在进行无菌操作时点燃酒精灯，并在火焰附近操作；如不慎将无菌物品掉落在工作台上，则不宜再用，需另换；所有接触过培养物的器材不能随意放在工作台上，而要放在指定的地点，以防污染；操作完毕，清理工作台面，取出培养物品及废物桶，并用消毒液擦洗工作台面。

二、灭菌和消毒方法

在微生物研究中，纯培养过程不能污染任何杂菌，因此实验所用的培养基、器材等需要进行灭菌，操作环境需进行消毒。

灭菌是指用物理或化学方法杀死或除去物品或环境中的所用微生物，而消毒则是指用物理或化学方法杀死或除去物品或环境中的病原微生物。

1. 热灭菌

不同微生物生长有不同的生长温度范围，如嗜冷菌，适应在 $-15\sim20$℃生长；嗜温菌，适应在 15～43℃生长；嗜热菌，适应在 40～70℃生长（如图 1-3）。

由图 1-3 可见，在最适温度范围以下或以上微生物的生长速率下降，且高于最适温度时，随着温度上升，微生物生长速率下降更为明显，即死亡速率加大，因此利用这一原理可通过加热方法进行灭菌。

热灭菌有两种方法，即干热灭菌和湿热灭菌。干热灭菌利用高温使微生物细胞内的蛋白

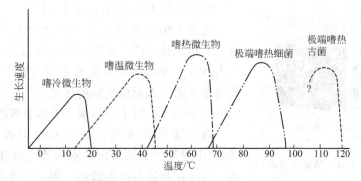

图 1-3　不同种类微生物对温度的适应性

质凝固变性而达到灭菌的目的。细胞内蛋白质的凝固性与其本身的含水量有关，含水量越大，蛋白质越容易凝固，因此干热灭菌的温度要高于湿热灭菌。湿热灭菌则是利用微生物受热时蛋白质分子运动加速，互相碰撞，而致连接肽链的次级键断裂，这样蛋白质分子从有规则的紧密结构变为无序的散漫结构，导致大量的疏水基暴露在分子表面，并互相结合成较大的聚合体而凝固、沉淀，使蛋白质变性，另外加热还会对细胞壁和细胞膜造成损伤，破坏核酸，使细胞死亡。

衡量热灭菌最常用的指标是"热死时间"，即在一定温度下杀死一定比例的微生物所需要的时间。一般杀死微生物的极限温度称为致死温度，在此温度下，杀死全部微生物所需要的时间称为致死时间。一些细菌、芽孢菌等微生物细胞和孢子，对热的抵抗力不同，因此它们的致死温度和时间也有差别（表 1-14）。

表 1-14　几种常见细菌的致死温度及时间

细菌名称	致死温度	致死时间
大肠杆菌（*Escherichia coli*）	60℃	10min
肺炎球菌（*Pneumococcus pneumonia*）	56℃	5～7min
普通变形杆菌（*Proteus vulgaris*）	55℃	60min
伤寒沙门氏杆菌（*Salmonella typhi*）	58℃	30min
白喉棒状杆菌（*Corynebacterium diphtheria*）	50℃	10min
嗜热乳杆菌（*Lactobacillus thermophilus*）	71℃	30min
黏质赛氏杆菌（*Serratia marcescens*）	55℃	60min
维氏硝化杆菌（*Nitrobacter winogradskyi*）	50℃	5min

（1）干热灭菌

① 火焰灼烧：将要灭菌器材直接在火焰上烧至红热进行灭菌的一种方法。通常用于微生物接种工具如接种环、接种针等金属用具，此方法灭菌迅速彻底。另外在微生物接种过程中为防止杂菌污染培养体系、试管或三角瓶口，也可通过火焰灼烧进行灭菌。

② 焚烧：直接点燃或在焚烧炉内焚烧的一种灭菌方法。它灭菌彻底，但仅适用于废弃物品或动物尸体等。

③ 热空气灭菌：通过干燥热空气杀死微生物的灭菌方法。使用时将需灭菌的物品放入电烘箱（图 1-4）中，调节电烘箱温度至 160～170℃，灭菌时间 2h。适用于高温下不变质、不损坏、不蒸发的物品，如玻璃器皿、瓷器、玻璃注射器等的灭菌。

图 1-4 电烘箱（用于热空气灭菌）

（2）湿热灭菌（高压蒸汽灭菌）

将待灭菌物件放在高压蒸汽灭菌锅（图 1-5）内，通过热源加热水产生水蒸气或直接通入蒸汽，使水蒸气压力达 0.11MPa，此时饱和水蒸气温度达到 121℃，从而利用水蒸气杀死微生物的灭菌方法，一般灭菌时间为 20～30 min。适用于培养基、工作服等的灭菌。

高压蒸汽灭菌是在一个密闭的高压蒸汽灭菌器（锅）中进行的。其原理是水的沸点随压力的增加而升高。当水在高压蒸汽灭菌器（锅）中煮沸，产生蒸汽驱逐出锅内的空气后，随着蒸汽不断产生，锅中的蒸汽压力也随之提高。蒸汽压力提高，水的沸点随着上升，因而能够获得比 100℃更高的蒸汽温度，用来进行有效灭菌。

(a) 手提式灭菌锅   (b) 立式灭菌锅   (c) 卧式灭菌锅(柜)

图 1-5 各种高压蒸汽灭菌锅

高压蒸汽灭菌是微生物灭菌技术中应用最广、效果最好的湿热灭菌方法。

必须指出，在使用高压蒸汽灭菌器（锅）进行灭菌时，蒸汽灭菌器（锅）内冷空气必须完全排除。因为当水蒸气中含有空气时，灭菌锅的压力表所表示的压力是水蒸气压力和部分空气压力的总和，而非水的饱和蒸汽压，此时蒸汽灭菌器（锅）的表压和其所对应的温度与灭菌锅内的温度是不一致的，没有达到 121℃，这样灭菌就不彻底（表 1-15）。

表 1-15 灭菌温度与灭菌锅内空气排出量的关系

表压/MPa	冷空气排出与灭菌锅内实际温度/℃				
	未排出	排出 1/3	排出 1/2	排出 2/3	全排出
0.035	72	90	94	100	109
0.07	90	100	105	109	116
0.11	100	109	112	115	121
0.14	109	115	118	121	126
0.175	115	121	124	126	130
0.21	121	126	128	130	135

应用微生物学实验

① 高压蒸汽灭菌的原理

a. 微生物的热致死原理——对数残留定律。

微生物的湿热灭菌过程，其本质上就是微生物细胞内蛋白质的变性过程，从这个意义上讲，灭菌过程应遵循单分子反应的速度理论。因此一定温度下，微生物受热后其活菌数减少的速率可用对数残留定律表征：

$$-\mathrm{d}N/\mathrm{d}t = KN \tag{1-6}$$

式中　N——瞬间活菌数，个/L；

　　t——灭菌时间，min；

　　K——灭菌速率常数，min^{-1}；

$\mathrm{d}N/\mathrm{d}t$——瞬时活菌数的变化率。

在一定温度下，微生物的灭菌速率常数 K 能表征不同微生物对热的耐受能力。K 越小，对应的微生物越耐热。因此芽孢、孢子和营养细胞的 K 值大小依次为 $K_{营养细胞} > K_{孢子} > K_{芽孢}$。

b. 高温短时间灭菌的理论基础。

根据对数残留定律，将式（1-6）积分，并定义开始灭菌时间 $t_0 = 0$，灭菌结束时间 $t = t$，开始灭菌时活菌数 $N = N_0$，灭菌结束时活菌数 $N = N_t$，即取灭菌的边界条件为 $t_0 = 0$，$N = N_0$；$t = t$，$N = N_t$，积分得：

$$\ln(N_0/N_t) = Kt \tag{1-7}$$

或

$$N_t = N_0 e^{-Kt} \tag{1-8}$$

从式（1-7）中可以看出，如要将物品中的微生物全部杀死，即 $N_t = 0$，理论上需要无限长的时间，因此在实际中是不可能将物品中的微生物全部杀灭的。另外对于培养基的灭菌还需考虑其在加热过程中营养成分的破坏，即需考虑在有效杀死微生物的同时，最大限度减少培养基营养成分的破坏。

阿伦尼乌斯方程（Arrhenius）可表示灭菌速率常数 K 与温度的关系：

$$K = A e^{-\Delta E/(RT)} \tag{1-9}$$

式中　A——频率常数或阿伦尼乌斯常数，min；

　　ΔE——活化能，J/mol；

　　T——热力学温度 ，K；

　　R——摩尔气体常数，J/（mol·K）。

从式（1-9）可以看出，在相同的阿伦尼乌斯常数 A 下，活化能 ΔE 越大，K 越低，微生物越耐热。

由于细菌芽孢热死亡反应的 ΔE 很高，而培养基中营养物质热破坏反应的 ΔE 相对较低（表1-16）。因此如将灭菌温度提高到一定程度可以使细菌芽孢加速其热死亡速度，而对培养基营养成分破坏程度增加较少。表 1-17 给出了嗜热脂肪芽孢杆菌芽孢和维生素 B_1，在灭菌过程中，每增加温度 10℃，达到灭菌时（即 $N/N_0 = 10^{-16}$）维生素 B_1 营养成分破坏程度。从表 1-17 可以看出，要达到相同的灭菌效果，在较低的温度下需要较长的时间，这样营养物质的破坏也大。因此为了达到灭菌效果又使营养成分破坏较小，培养基湿热灭菌温度一般定为 121℃。

表 1-16　细菌芽孢和某些营养物热破坏反应的 ΔE

受热微生物	$\Delta E/(kJ/mol)$	受热营养物质	$\Delta E/(kJ/mol)$
枯草芽孢杆菌芽孢	317.98	维生素 B_1 盐酸盐	92.05
嗜热脂肪芽孢杆菌芽孢	283.26	维生素 B_{12}	96.23
肉毒梭状芽孢杆菌芽孢	343.09	葡萄糖	100.49

表 1-17　嗜热脂肪芽孢杆菌芽孢热死亡程度为 $N/N_0 = 10^{-16}$ 时，
灭菌温度对维生素 B_1 破坏的影响

灭菌温度/℃	达到灭菌程度所需时间/min	维生素 B_1 的损失/%
100	843	99.99
110	75	89
120	7.6	27
130	0.851	10
140	0.107	3
150	0.015	1

　　② 高压蒸汽灭菌步骤　灭菌锅是一个密闭的耐压容器，其种类较多。根据蒸汽来源分为一体式和分体式两种。一体式灭菌锅其蒸汽通过加热锅内的水产生，分体式灭菌锅其蒸汽由其他蒸汽发生设备供给。实验室常用一体式灭菌锅，工业上一般用分体式灭菌锅。

　　从外观形状上一般将灭菌锅分为手提式、立式和卧式三种（图 1-5）。手提式灭菌锅容量较小，卧式灭菌锅容量最大。实验室一般选用立式灭菌锅，而工业生产规模一般用卧式灭菌锅。

　　a. 装载物品：放妥待灭菌物件，盖上灭菌锅盖，旋紧锅盖的螺丝，使灭菌锅处于密闭状态。为了保证蒸汽在锅内循环通畅，灭菌物品的装量要适宜，且锅内待灭菌物品叠放不要过于紧密，否则会影响锅内蒸汽循环而达不到理想的灭菌效果。另外需灭菌的试管、瓶子或器皿等需用牛皮纸包扎好，以防止棉塞被锅内的冷凝水弄湿造成灭菌后再被空气中的杂菌污染。

　　b. 加水：每次使用前务必检查灭菌锅内的水量是否在水位要求范围，如低于要求的水位，则向锅内加水至水位要求范围。一般用去离子水。

　　c. 加热，并打开排气阀，以排除灭菌锅内的冷空气。待锅内冷空气全部排出后，关闭排气阀。若未将冷空气排尽，会因达不到灭菌所需的温度而影响灭菌效果（表 1-15）。

　　d. 升温保压：当关闭排气阀后，灭菌锅压力随着继续加热而逐渐升高，当其达到灭菌所需压力时，有自动控制系统的灭菌锅会根据设定的温度和时间自动控制，如无自动控制系统，必须仔细控制灭菌锅的压力，通常的做法是稍微打开排气阀使少量蒸汽排出，同时关小加热源，以保持其在整个灭菌时间内处于要求的压力。灭菌常用的压力为 0.11MPa，对应的温度为 121℃。

　　e. 降压冷却：灭菌时间到，有自动控制系统的灭菌锅会自动停止加热，让压力自然回到 "0" 后，打开排气阀，再打开锅盖，稍冷却后取出物品备用。如果要排气降压，排气不能太快，否则会因压力突然降低，棉塞及培养基容易冲出，也易造成瓶子炸裂。

f. 灭菌时的注意事项

——灭菌锅是高压容器，使用必须按使用说明操作，以免发生事故。

——保压前务必排尽冷空气：为排尽灭菌锅内冷空气，接通电源进行加热后，一开始排气阀处于开启状态，当水煮沸并有大量蒸汽从排气阀中冲出后方可关闭排气阀。

——灭菌物品的堆放：灭菌时，物品堆放必须留出空位，严禁堵塞排气阀和安全阀的出气孔，以保证排气通畅，否则会影响灭菌效果，也易造成事故。

——液体的灭菌，应将液体分装在耐热的容器中，一般装液量不超过容器体积的 3/5，并应选用有一定通气性的棉花塞或硅胶塞。

——灭菌结束后，如果压力表指示已回复至"0"位，但锅盖不易开启时，检查排气阀是否处于开启状态。当排气阀开启时，外界空气进入灭菌锅，消除了锅内的真空，锅盖即可开启。

——压力表使用久后，压力指示不正确或压力表指示不能回复"0"位，应及时予以检修或更换。

——保持灭菌锅的清洁和干燥可延长其使用寿命，橡胶密封圈使用久了会出现老化现象，需定期更换以防灭菌时漏气。

——当灭菌锅内出现较多水垢时，一般用混合溶液清洗。混合溶液的成分和比例为：水：氢氧化钠：煤油＝40：4：1。将混合溶液置于容器内浸泡约 10h，然后洗刷，最后用清水冲洗干净。

2. 射线杀菌

通常使用的射线有紫外线、微波和 γ 射线等，以紫外线最常用。

① 辐射灭菌法：指用 γ 射线杀灭微生物和芽孢的方法。用该方法灭菌不用升高温度，穿透力强，灭菌效率高；但对操作人员存在潜在的危险性。通常用于热敏物料和制剂的灭菌，如一次性医用塑料制品的批量灭菌等。

② 微波灭菌法：采用微波照射产生的热能杀灭微生物和芽孢的方法。该法适合液态和固体物料的灭菌，且对固体物料具有干燥作用。由于微波能穿透到介质和物料的深部，可使介质和物料加热时表里较均匀。

③ 紫外线杀菌法：指用紫外线照射杀灭微生物和芽孢的方法，是最常用的射线杀菌方法。

用于紫外灭菌的光波波长一般为 200～300nm，波长为 260nm 的紫外线杀菌作用最强，因为此波长的紫外线易被微生物的核酸吸收，引起细胞 DNA 上相邻的胸腺嘧啶形成二聚体，从而影响细胞 DNA 的正常复制和转录，另外紫外线能使空气中氧气产生微量臭氧，由于共同作用，最终导致微生物的变异和死亡。但紫外线的穿透力很弱（一般不能穿透玻璃、单层牛皮纸等），因此多用于空间和物体表面的消毒。无菌室、无菌箱和摇床间等常用 30W 紫外线照射 20～30min。

3. 过滤除菌

过滤除菌（图 1-6）是通过介质截流的机械作用除去液体或气体中的微生物的方法。一般用于不耐热溶液（如抗生素、血清等）和气体（如空气）的除菌。

过滤除菌的过滤介质主要如下。

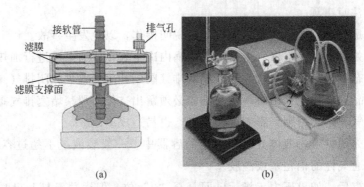

图 1-6 过滤除菌的装置

混合纤维素酯：一般制成圆形的单片平板滤膜，用于液体和气体的精过滤。

聚丙烯（PP）：常做成折叠式，用于筒式过滤器。

聚偏二氟乙烯（PVDF）：属于精过滤材料，它能耐热和化学稳定性好，耐蒸汽灭菌；制药工业无菌制剂用水和注射用水的过滤常用此介质。

聚醚砜（PES）、尼龙：用于精度较高的溶液的过滤，耐热；常制成折叠式，用于筒式过滤器。

聚四氟乙烯（PTFE）：是一种疏水性材料制成的折叠式介质，用于筒式过滤器，具有耐热耐化学稳定的特点。常用于水、无机溶剂及空气的过滤。

4. 化学药剂的消毒

化学药剂根据其抑菌或杀菌的效应分为杀菌剂、消毒剂、防腐剂三类。杀菌剂指能杀死一切微生物的化学药剂，消毒剂指杀死病原微生物的药剂，而防腐剂只能抑制微生物生长和繁殖。某种化学药剂作为杀菌剂、消毒剂还是防腐剂，取决于化学药剂的效应与药剂浓度、处理时间长短、环境因素（如温度、pH）和菌的敏感性等因素，其中最主要的因素是药剂浓度。大多数杀菌剂在低浓度下只起抑菌作用或消毒作用。实验室常用的化学杀菌剂和消毒剂见表 1-18。

常用的化学消毒剂按其化学性质分为以下几类。

含氯消毒剂：是一种溶解在水中产生具有杀灭微生物的次氯酸消毒剂，如次氯酸钠（10％～12％）、漂白粉（25％）、漂粉精（次氯酸钙 80％～85％）。该类消毒剂以有效氯表示其杀灭微生物的有效成分。其杀菌原理是次氯酸分子量小，易扩散到细菌表面，并穿透细胞膜进入菌体内，使菌体蛋白质氧化导致细菌死亡。能杀灭细菌繁殖体、病毒、真菌、结核杆菌和芽孢。一般有效氯浓度越高、作用时间越长，消毒效果越好，pH 越低消毒效果越好；温度越高杀灭微生物作用越强。由于高浓度含氯消毒剂对人呼吸道黏膜和皮肤有明显刺激作用，对物品有腐蚀和漂白作用，大量使用还会污染环境。所以在使用时应按不同微生物污染的物品选用适当浓度和作用时间。

过氧化物类消毒剂：利用其强氧化性，杀灭微生物的一类消毒剂。如过氧化氢（30％～90％）、过氧乙酸（18％～20％）、二氧化氯和臭氧等。这类消毒剂的优点是消毒后在物品上不留残余毒性，可杀死病毒；缺点是化学性质不稳定，须现用现配，且高浓度时可刺激、损害皮肤黏膜，腐蚀物品。

醛类消毒剂：利用活泼的烷化剂作用于微生物蛋白质中的氨基、羧基、羟基和巯基，从而破坏蛋白质分子，使微生物死亡的一类消毒剂，如甲醛和戊二醛。由于其对人体皮肤、黏膜有刺激作用，故不可用于空气、食具等消毒，仅用于医院中医疗器械的消毒或灭菌。

醇类消毒剂：一类凝固蛋白质，而杀灭微生物的消毒剂，如乙醇和异丙醇。它能杀灭细菌营养体，破坏亲脂性病毒等。由于其易挥发，常采用浸泡消毒，或反复擦拭。近年来，国内外有许多复合醇消毒剂，一般用于手部皮肤消毒。

含碘消毒剂：包括碘酊和碘伏。其杀菌原理是因为碘元素活泼，渗透性强，作用于菌体可直接使菌体蛋白质变性，另外碘元素可使氨基酸链上某些基团发生卤化，从而使其失去生物学活性。故碘的作用主要是对蛋白质的沉淀作用和卤化作用。可杀灭细菌营养体、真菌和部分病毒。用于皮肤、黏膜消毒，医院常用于外科洗手消毒。一般碘酊的使用浓度为2%，碘伏使用浓度为0.3%～0.5%。

酚类消毒剂：包括苯酚、甲酚、卤代苯酚及酚的衍生物，如常用的煤酚皂，又名来苏尔，其主要成分为甲基苯酚。卤化苯酚可增强苯酚的杀菌作用，如三氯羟基二苯醚。酚类消毒剂是通过分子碰撞，使微生物蛋白质变性、发生沉淀而达到杀灭微生物的目的。

环氧乙烷消毒剂：又称氧化乙烯，它通过与菌体蛋白质结合，使酶代谢受阻而导致微生物死亡。由于它的穿透力强，且对多数物品无损害，对纸张色彩无影响，故常用于精密仪器、贵重物品的消毒，以及书籍、文字档案材料的消毒。由于该消毒剂易燃易爆，并有一定毒性，使用者一定要熟悉使用方法，并严格遵守安全操作程序。

双胍类和季铵盐类消毒剂：如氯己定和苯扎溴铵（即新洁尔灭）等。该类物质属于阳离子表面活性剂，它的杀菌作用机理是吸附在带阴离子的细菌表面，损害其细胞膜，从而改变膜的通透性，使菌体内酶、辅酶及含氮、磷的代谢物漏失，由于细胞膜的破坏，使胞内水解酶游离，细胞发生自溶，引起细菌死亡。由于这类化合物可改变细菌细胞膜的通透性，常将它们与其他消毒剂复配以提高其杀菌效果和杀菌速度。一般用于非关键物品的清洁消毒，也可用于手消毒。

表 1-18　几种重要表面消毒剂的作用原理及应用范围

类型	名称和使用浓度	作用原理	应用范围
重金属盐类	0.05%～0.1%升汞(氯化汞)	与蛋白质上的巯基结合而使蛋白质失活	非金属物品,器皿
	2%红汞(2,7-二溴-4-羟汞基荧光红双钠盐)		皮肤,黏膜,小伤口
酚类	3%～5%石炭酸	使蛋白质变性,损伤细胞膜	家具、器皿、地面
	2%煤皂酚(来苏尔)		皮肤
醇类	70%～75%乙醇	脱水,使蛋白质变性,损伤细胞膜,溶解脂类	皮肤,器械
酸类	5～10ml醋酸/m³	破坏细胞膜和蛋白质	房间消毒(熏蒸)
醛类	0.5%～10%甲醛	破坏蛋白质的氢键或氨基	房间和接种箱消毒(熏蒸),物品消毒
	2%异戊二醛		精密仪器消毒
氧化剂	0.1%高锰酸钾	氧化蛋白质活性基团	皮肤,尿道,水果,蔬菜
	3%双氧水		物品的表面
	0.2%～0.5%过氧乙酸		皮肤,人造纤维,玻璃
	1mg/L臭氧		食品

类型	名称和使用浓度	作用原理	应用范围
卤素及其化合物	0.2~0.5mg/L 氯气	破坏蛋白质、酶、细胞膜	水的消毒
	10%~20%漂白粉		地面
	0.5%~1%漂白粉		水、空气、体表
	0.2%~0.5%氯胺		室内空气，表面消毒
	4mg/L 二氯异氰尿酸钠		水
	3%二氯异氰尿酸钠		空气，排泄物，分泌物
	2.5%碘酒	破坏酶	皮肤
表面活性剂	0.05%~0.1%新洁尔灭	破坏蛋白质、细胞膜	皮肤、黏膜、器械
	0.05%~0.1%杜灭芬		皮肤、金属、棉织品、塑料
染料	2%~4%龙胆紫	与蛋白质羧基结合	皮肤，伤口

第二章
微生物实验的重要仪器

本章主要介绍微生物学实验通常会使用到的几类主要仪器设备，介绍这些仪器设备在微生物学实验中的用途、工作原理、使用注意事项（包括安全注意事项、维护保养注意事项等）。因为同样的仪器设备因其生产厂家的不同其具体的使用操作步骤会有所不同，因此本章不详细描述各类设备使用操作的标准操作程序（standard operation procedure，SOP）。所列出的知识点供同学们在使用到该类设备时参考，以避免人员受伤及设备损伤的情况出现。各位同学在使用到各类仪器设备时，还需要仔细阅读相关的说明书，严格按照相关说明书中的设备标准操作程序进行相关设备的使用操作。

一、普通光学显微镜

1. 用途

微生物的个体极其微小，一般以微米（μm）为单位进行描述，因此要研究微生物，必须借助光学显微镜观察微生物个体的形态和细胞结构，它能使人眼的分辨率提高500倍。显微技术是微生物实验与研究中的基本技术之一，明视野显微镜（普通光学显微镜）是一种具有高度放大作用的光学仪器，它的分辨率（分辨两点或两根细线之间最小距离的能力）可以达到0.2μm，而人的眼睛在明视野的最高分辨率只有0.1 mm。同时，目前借助显微摄影技术，已经可以实时记录观察到的现象。

2. 工作原理

普通光学显微镜（图2-1）是由机械装置和光学系统两大部分组成，机械装置保证光学系统的准确配置和灵活调控，是显微镜的基本架构，光学系统是显微镜的核心组件，直接影响显微镜的性能。在光学系统中，显微镜利用目镜和物镜两组透镜系统进行放大成像，一般在保持目镜不变的情况下通过调节物镜的放大倍数，来得到不同的放大率和分辨率。

在使用显微镜进行观察时，应根据所观察微生物的个体大小不同选用不同的物镜。例如，要观察霉菌、酵母菌、放线菌等个体较大的微生物形态时，可选择低倍镜或高倍镜，而要观察个体细小的细菌或细胞结构时，则应选择放大率和分辨率最高的油镜。

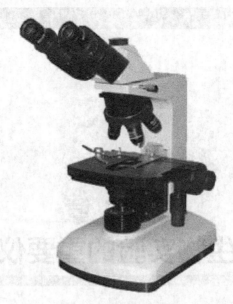

图 2-1 普通光学显微镜

3. 使用注意事项

显微镜为精密仪器，在实验过程中如要移动，应一手紧握镜臂，另一手托住底座，保持显微镜垂直和平稳，防止震动。

显微镜应放在通风干燥处，避免阳光直射或暴晒，避免与酸、碱等具有腐蚀性的化学试剂接触。

显微镜的目镜清洁时应用专门的擦镜纸擦拭，不能用布或其他物品擦拭。同时在观察标本片时，如有戴眼镜者，一般应摘下眼镜，确需戴眼镜观察时，则应注意眼镜不要与目镜接触，以避免眼镜划伤目镜。

显微镜在暂停使用时，应将物镜转成"八"字形，避免物镜镜头与集光器相对，同时缩短物镜和载物台之间的距离，避免因镜筒滑落损坏物镜。

二、高压蒸汽灭菌锅

1. 用途

高压蒸汽灭菌用途广，效率高，是微生物学实验中最常用的灭菌方法。一般培养基、玻璃器皿以及传染性标本和工作服等都可应用此法灭菌。

2. 工作原理

高压蒸汽灭菌的原理见本教材第一章第二节。

3. 使用注意事项

本设备（图1-5）的压力容器部分受《特种设备监察条例》的管辖，使用前必须向主管部门登记、备案，获准后方能使用。操作人员及管理人员应持特种设备操作许可证上岗。安全阀、排气阀、压力表要定期强检校验合格后方能使用。

使用前应确认：打开灭菌锅盖后压力表的指针指向"0MPa"、安全阀无堵塞、排气阀处于打开状态、灭菌盖密封圈有无龟裂变形等损坏、灭菌室内有无腐蚀龟裂等损坏、灭菌室盖有无腐蚀龟裂等损坏、铰链有无腐蚀龟裂。

灭菌用水使用去离子水，确认灭菌水位适宜。灭菌锅中不能放入易燃性、爆炸性物品，如乙醇、甲醇等有机溶剂，否则会引起火灾或爆炸事故；灭菌锅中不能进行密闭、密封物品的灭菌，不能进行有裂纹和伤痕的玻璃器皿的灭菌，这类物品在取出时会产生破裂而导致烫伤等事故；被灭菌物不能堵住灭菌室内的排气孔，一旦排气孔被堵，灭菌室内的压力得不到控制，会引起容器破裂等重大事故。

灭菌时需完全排除锅内空气，使锅内全部是水蒸气，灭菌才能彻底。对高压灭菌后不变质的物品，如无菌水、培养皿、接种用具，可以延长灭菌时间或提高压力，而培养基要严格遵守保温时间。

当压力降到零后，才能开盖，需要注意液体比灭菌室的温度冷却得慢，灭菌后的液体有时会因为碰撞等而发生突然沸腾，要注意避免烫伤。

每次使用，都应登记，记录灭菌的内容、时间、设备使用情况；如长期停放，应排干灭菌室内的水，灭菌室内要保持清洁干燥，将本设备应置于通风、干燥处，不得被雨淋，必要时应有遮盖物。

将取出的灭菌培养基放入 37℃温箱或该培养基实际应用的温度培养 24~48 h，经检查若无杂菌生长，方可待用。

三、移液器

1. 用途

用于快速定量移取微量液体。

2. 工作原理

移液器（图 2-2）的工作原理是活塞通过弹簧的伸缩运动来实现吸液和放液。在活塞推动下，排出部分空气，利用大气压吸入液体，再由活塞推动空气排出液体。使用移液器时，配合弹簧的伸缩特点来操作，可以很好地控制移液的速度和力度。加样的物理学原理有两种：①使用空气垫（又称活塞冲程）加样；②使用无空气垫的活塞正移动加样。不同原理的微量加样器有其不同的特定应用范围。活塞冲程（空气垫）加样器可很方便地用于固定或可调体积液体的加样，加样体积的范围在小于 1μl 至 10ml 之间。一次性吸头是本加样系统的一个重要组成部分，其形状、材料特性及与加样器的吻合程度均对加样的准确度有很大的影响。活塞正移动加样器可以用于如具有高蒸汽压的、高黏稠度以及密度大于 2.0g/cm³、易产生气溶胶的液体。活塞正移动加样器的吸头一般由厂家配套生产，不能使用通常的吸头或不同厂家的吸头。

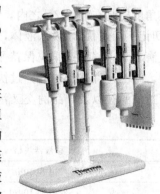

图 2-2　各种规格的移液器

微量加样器（移液器）最早出现于 1956 年，由德国生理化学研究所的科学家 Schnitger 发明。1958 年德国 Eppendorf 公司开始生产按钮式微量加样器，成为世界上第一家生产微量加样器的公司。这些微量加样器适用于临床常规化学实验室使用。

3. 使用注意事项

移液器的选择：按照实际的吸取液体的体积，选择移液量在吸头的 35%~100%量程范围内的移液器。

设定容量值：从大量程调节至小量程为正常调节方法，逆时针旋转刻度即可，从小量程调节至大量程时，应先调至超过设定体积刻度，再回调至设定体积，在调整设定移液量旋钮设置量程时，不要用力过猛，移液器显示的数值不超过其可调范围，否则会卡住机械装置，损坏移液器。

安装吸头：采用旋转安装法，将移液器顶端插入吸头，在轻轻用力下压的同时，左右旋转半圈，上紧即可，安装吸头时用力不能过猛，更不能采取剁吸头的方法来进行安装，长期这样操作会导致移液器的零件因撞击而松散，严重会导致调节刻度的旋钮卡住。

如果实验条件允许，在取液之前，所取液体应在室温（15～25℃）平衡，尽量保证移液器、枪头和液体处于相同温。在安装了新的吸头或增大了容量值以后，把需要转移的液体吸取、排放两到三次。对常温样品，吸头润洗有助于提高准确性；但是对于高温或低温样品，吸头润洗反而降低操作准确性，请使用者特别注意。

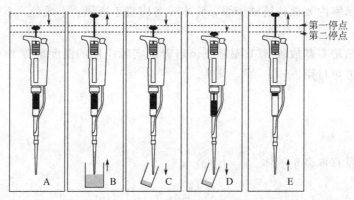

图 2-3　移液器的使用

吸液（前进移液法，图 2-3）：用大拇指将按钮按下至第一停点，握持加样器，吸头浸入角度控制在倾斜 20° 之内，保持竖直为佳，使吸头浸入液面下，然后缓慢平稳地松开按钮（切记不能过快），吸入液体，等 1s，然后将吸头提离液面，贴壁停留 2～3s，使管尖外侧的液滴滑落。移液操作应保持平顺、合适的吸液速度，吸取液体时一定要缓慢平稳地松开拇指，绝不允许突然松开，过快的吸液速度容易造成样品进入套柄，带来活塞和密封圈的损伤而造成漏气以及样品的交叉污染。吸液时吸头浸入深度建议如表 2-1 所示。

表 2-1　各种移液器吸液时吸头浸入深度

移液器规格	吸头浸入深度
2μl 和 10μl	1mm
20μl 和 100μl	2～3mm
200μl 和 1000μl	3～6mm
5000μl 和 10ml	6～10mm

放液：将吸头口紧贴到容器内壁底部并保持 10°～40° 倾斜。平稳地把按钮压到第一停点，等 1s 后再把按钮压到第二停点以排出剩余液体。压住按钮，同时提起加样器，使吸头贴容器壁擦过。松开按钮。放液时如果量很小则吸头尖端靠容器内壁。移液器严禁吸取有强挥发性、强腐蚀性的液体（如浓酸、浓碱、有机物等），严禁使用移液器吹打混匀液体。

使用完毕，把移液枪的量程调至最大值的刻度，将其竖直挂在移液枪架上，远离潮湿及腐蚀性物质。移液器应根据使用频率进行维护，但至少应每3个月进行一次，一般维护可用中性洗涤剂清洁，如肥皂水或者用60％的异丙醇，然后用蒸馏水反复洗涤去除洗涤剂或异丙醇，自然晾干。清洁后活塞处可使用一定量的润滑剂。

四、电子天平

1. 用途

人们把利用电磁力平衡称物体质量的天平称为电子天平（图2-4），在实验室中作为称量药品或其他物品质量的工具。

2. 工作原理

电子天平是采用电磁力平衡的原理，应用现代电子技术设计而成的。它将称盘与通电线圈相连接，置于磁场中，当被称物置于称盘后，因重力向下，线圈上就会产生一个电磁力，与重力大小相等方向相反。这时传感器输出电信号，经整流放大，改变线圈上的电流，直至线圈回位，其电流强度与被称物体的重力成正比。而这个重力正是物质的质量所产生的，由此产生的电信号通过模拟系统后，将被称物品的质量显示出来。由于电子天平是利用电磁

图2-4　电子天平

力平衡的原理，没有机械天平的横梁，没有升降枢装置，全量程不用砝码，直接在显示屏上读数，所以具有操作简单、性能稳定、称量速度快、灵敏度高等特点，并且具有自动检测系统、简便的自动校准装置以及超载保护等装置。目前一般电子天平还具有去皮（净重）称量、累加称量、计件称量等功能，并配有对外接口，可连接打印机、计算机、记录仪等，实现了称量、记录、计算自动化。

3. 使用注意事项

天平应放在稳定、无振动的地方，并尽可能水平，避免阳光直射、避免剧烈的温度波动、避免空气对流，应尽可能远离房门、窗、散热器及空调的出风口。电子天平的操作说明书中如果没有指定特殊温度界限，则天平应在−10～40℃的温度条件下正常工作；若指定了特殊的温度界限，则天平应在规定的温度条件下工作；电子天平对环境的湿度也有要求，如Ⅰ级天平要求相对湿度不大于80％。

一般高精度的电子天平都带有水平调整装置和水准器，使用中，要经常对天平的水平状态进行检查。实际上，使用者常忽视对天平的水平状态的检查（电子天平因移动或其他原因，常造成四角不平或不水平等）是造成天平数据不准的主要原因。使用前观察水平泡确认天平处于水平状态，如果不处于水平状态，则通过调节天平的水平调节螺丝将天平调整为水平状态。

电子天平在使用前通常需要预热，而每台天平的预热时间往往不同，一般天平的准确度等级越高，所需预热时间就越长，可根据天平使用说明书中的要求进行预热，必要时可延长预热时间（通常环境温度越低，预热时间越长）。即开即用是不能保证天平的计量性能的，因此电子天平预热是关系到准确度的重点。

关于电子天平的校准一定要仔细阅读说明书，在实际使用过程中，有很多人在较长的时间间隔内未对电子天平进行校准，而简单认为天平显示零位便可直接称量。需要指出的是，电子天平开机显示零点，不能说明天平称量的数据准确度符合测试标准，只能说明天平零位稳定性合格。因存放时间较长，位置移动，环境变化或为获得精确测量，天平在使用前一般都应进行校准操作。在使用过程中在允许范围内称量物体，不要超载。电子天平在经过周期检定后，在有效期内由于使用中因环境条件变化、人为等因素，计量性能时常会发生细微的变化，这就需要日常使用中利用校准用的砝码每天或每次进行使用前校准，所选砝码理论上是等级越高越好，一般应选用砝码误差不大于天平最大允许误差的 1/3 即可，且砝码应定期送质监部门定检。

天平关闭后，清洁秤盘和底板，做好使用登记。

五、pH 计

1. 用途

pH 计（图 2-5）是一种利用电化学性质测水溶液酸碱度（pH 值）的仪器。

2. 工作原理

图 2-5　pH 计

pH 在拉丁文中，是 *Pondus hydrogenii* 的缩写，是物质中氢离子的活度，pH 值则是氢离子浓度的负对数。

pH 计的结构包括一个参比电极、一个玻璃电极（其电位取决于周围溶液的 pH）和电流计，参比电极的基本功能是维持一个恒定的电位，作为测量各种偏离电位的对照，银-氧化银电极是目前 pH 中最常用的参比电极。玻璃电极的功能是建立一个对所测量溶液的氢离子活度发生变化作出反应的电位差。把对 pH 敏感的玻璃电极和参比电极放在同一溶液中，就组成一个原电池，该电池的电位是玻璃电极和参比电极电位的代数和。$E_{电池} = E_{参比} + E_{玻璃}$，如果温度恒定，这个电池的电位随待测溶液的 pH 变化而变化。电流计是用于测量整体电位的，它能在电阻极大的电路中捕捉到微小的电位变化，并将这个变化通过电表表现出来，电流计能在电阻极大的电路中测量出微小的电位差，由于采用最新的电极设计和固体电路技术，现在最好的 pH 计可分辨出 0.005pH 单位。为了方便读数，pH 计都有显示功能，就是将电流计的输出信号转换成了 pH 读数。

3. 使用注意事项

温度对液体的 pH 值有很大的影响，因此在使用 pH 计前要注意所使用的电极温度补偿的方式。所使用的缓冲溶液一旦开封使用，应该在冰箱中冷藏保存，使用过的缓冲液，不能倒回原装瓶中。

pH 电极在测量样品时需要排除电极球泡处保护罩空腔内的气泡，否则响应缓慢甚至测量不准确，需搅拌混匀样品，此时严禁将 pH 电极作为搅棒使用，而应将电极固定在支架上，轻轻晃动盛放样品的容器（烧杯等）。

电极的维护：确保电极始终存放在适当的存储液中，填充液为 3mol/L KCl 的电极应存放在 3mol/L KCl 溶液中，若填充液为 3mol/L KCl 饱和 AgCl 的电极，则应存放在 3mol/L

KCl 饱和 AgCl 溶液中，电极不可长时间干放或浸泡在蒸馏水中，否则会缩短电极使用寿命。在正常使用、正确保养的情况下，pH 电极的寿命在 1 年左右，使用中每天应校准电极一次，校准完毕后应注意斜率和零点，斜率在 95％～105％，零点电位±（0～15）mV，电极状态优良，可以开始测试；斜率在 90％～94％，零点电位±（15～35）mV，电极状态良好，可以开始测试；斜率在 85％～89％（或＞105％），零点电位±（＞35）mV，电极需要清洗，清洗后重新校正电极。如果斜率和零点电位仍不能达到优良或良好的状态，需要更换 pH 电极。

仪表的维护：每周定期用湿布清洁设备表面，清洁时不得使用甲苯、二甲苯、丁酮等有机溶剂，在实验过程中也要避免这类有机溶剂溅到外壳上，如出现上述情况，应立即擦去外壳上的此类溶剂。

六、分光光度计

1. 用途

分光光度计（图 2-6）是利用分光光度法对物质进行定性定量分析的仪器，常用于核酸、蛋白质定量以及细菌生长浓度的定量分析。

2. 工作原理

分光光度计采用一个可以产生多个波长的光源，通过系列分光装置，产生特定波长的光束，透过测试样品后，部分光被吸收，通过测定样品的吸光值，转化计算样品的物质浓度，根据朗伯-比尔定律，样品的吸光值与样品的浓度成正比。

图 2-6　分光光度计

分光光度法通过测量被测定物质在特定波长或一定波长范围内对单色光的吸收度，对该物质进行定性和定量分析。常用的波长范围如下。

紫外区：200～400nm；

可见光区：400～760nm；

红外光区：2500～25000nm。

所对应的仪器有紫外分光光度计、可见分光光度计和红外分光光度计等。

3. 使用注意事项

仪器应放在干燥的工作房内，使用温度 5～35℃，相对湿度≤85％，使用时应放在坚固平稳的工作台上，避免强烈的震动或持续的震动，避免日光直射，远离高强磁场。

仪器使用前需要预热 20～30 min，在预热过程中或待机过程中，最好将校具放入光路中，或者打开样品室盖，避免强光长时间照射光电管，延长光电管使用寿命。

仪器所附的比色皿，其透射比是经过配对测试的，未经配对处理的比色皿将影响样品的测试精度。比色皿透光部分表面不能有指印、溶剂痕迹，被测溶液中不能有气泡、悬浮物，否则将影响样品测试的精度，不能用手抓比色皿透光部分的表面。

样品室要保持干燥，每次测定完毕，要及时将比色皿从样品池中取出，如有条件，每次使用完毕后最好放置一份干燥剂在样品室中；仪器出现故障，请及时保修，不要尝试自行处理。

七、超净工作台

1. 用途

超净工作台是一种局部层流装置，它能在局部创造高洁净度的环境，用于进行微生物学的无菌操作，如接种、分离培养等。

2. 工作原理

超净台主要结构包括电器部分、送风机、过滤器及紫外灯等。室内新风经预过滤器送入风机，由风机加压送入正压箱，再经高效过滤除尘、清洁后，通过均压层，以层流状态均匀垂直向下进入操作区以保证操作区的洁净空气环境。由于空气以均匀速度平行向一个方向流动，没有涡流，故灰尘或附着在灰尘上的细菌很难向别处扩散移动，因此洁净气流不仅可造成无尘环境也可造成无菌环境。

3. 使用注意事项

超净工作台内不要长期放置无菌操作会使用到的物品，如枪头盒、酒精灯等。每次使用完毕，要用 70% 的酒精棉花及时清洁超净工作台台面。要定期清洁过滤器中的过滤介质。

要定期检测灭菌用紫外灯的灯照强度：辐照强度 $\geqslant 70\mu W/cm^2$ 为合格；灯照强度 $<70\mu W/cm^2$，应更换灯管，新换的紫外灯管灯照强度 $\geqslant 100\mu W/cm^2$ 才能投入使用。

八、恒温培养箱

1. 用途

恒温培养箱简称恒温箱、培养箱，是培养微生物的主要仪器。

2. 工作原理

培养箱构造一般为方形或长方形，箱体外壳有薄钢板制成，并填有隔热绝缘材料，箱门分为两层，内层为玻璃门，便于观察箱内样本，外层为金属门（图 2-7）。加热方式有底部电加热或夹套水浴加热，通过内部热空气对流实现温度的均匀分布。

图 2-7 恒温培养箱

3. 使用注意事项

培养箱内不要放入过热或过冷的物品，取放物品时，应注意随手关门以避免箱内温度波动过大。如果要保持箱内湿度，可以在箱内放置一只盛水的容器。

箱内物品放置不宜过多、过挤，以保证培养物的受热均匀，各层金属支架上放置的物品不宜过重，以免损坏支架。

如使用隔水式培养箱，需要注意加水时最好加蒸馏水以减少水垢的产生，同时注意无水时不要运行设备以避免干烧、损坏加热管。

九、摇瓶培养设备

1. 用途

摇瓶培养设备由于其简便、实用，自 20 世纪 30 年代问世以来，很快发展成为微生物培养中极重要的设备，广泛用于种子培养、扩大发酵。

2. 工作原理

摇瓶培养设备（图 2-8）主要有旋转式摇床和往复式摇床两种类型（一般摇床须放入恒温室，现已用自动控温的台式摇床）。用旋转式摇床进行微生物振荡培养时，固定在摇床上的锥形瓶随摇床以 200～250r/min 的速度运动，由此带动培养物围绕着锥形瓶内壁平稳转动。在用往复式摇床进行振荡培养时，培养物被前后抛掷，引起较为激烈的搅拌和撞击。如要获得更大的氧供应，可在较大的烧瓶（250～500ml 锥形瓶）中装相对较小容积的培养基（20～30ml），由此可获得更高的氧传递速率，便于细胞的迅速生长。若要获得较低的氧供应，则采用较慢的振荡速度和相对大的培养体积。

图 2-8 摇瓶培养设备

3. 使用注意事项

注意保持摇床内的清洁，如果发生容器破碎或溶液溅出事故应及时关机清洁，防止设备腐蚀。要定期检查夹具，如发现松动应及时紧固，避免在运行过程中出现容器脱落的事故。在摇瓶摆放时要注意摇床上物品对称平衡。

如果要精确控制培养过程的温度和转速，保证实验结果的重现性，需用标准温度计和转速测量仪进行校对。

十、冰箱及超低温冰箱

1. 用途

冰箱和超低温冰箱（图 2-9）作为低温储存设备，一般用来进行各类生物样品（包括菌种、酶、基因、蛋白质等）、试剂以及各种特殊需求样品的临时或长期保存。

2. 工作原理

冰箱或超低温冰箱一般由制冷系统、微处理器系统以及保温系统组成。制冷系统利用压缩机提供动力，利用制冷剂不断液化-汽化循环将热量从冰箱腔体中移出，实现制冷。

3. 使用注意事项

准备放入冰箱的物品都应做好标记，应当清楚地标明内装物品的科学名称、储存日期和储存者的姓名；如要取出物品，先查阅冰箱存放物品清单，明确物品在冰箱中的存放位置。

(a) 冰箱　　　　　　　　　(b) 超低温冰箱

图 2-9　冰箱和超低温冰箱

开启超低温冰箱拿物品一定要戴好手套，避免冻伤。除非有防爆措施，否则冰箱内不能放置易燃溶液。冰箱门上应注明这一点。开关冰箱门应动作迅速，避免冰箱门长时间开启导致温度升高而破坏样品。

冰箱周围要和其他物品或墙面保持 10cm 以上的距离。冰箱电源插头拔下后，应至少保持间隔时间 5min，才能再次接通电源。搬运冰箱时，应切断电源，取出冰箱内所有物品，用胶带固定活动部件及冰箱门；搬运时最大倾角不能超过 45°，以免造成制冷系统故障。冰箱每次搬动后需要静置半小时后再插电使用。冰箱不平时通过调节底角使其保持水平。要经常清洁冰箱背后以及左右两侧板上的尘埃，以提高散热效率。

冰箱、低温冰箱和干冰柜应当定期除霜和清洁，应清理出所有在储存过程中破碎的安瓿管和试管等物品。清理时应先拔除电源插头，取出冰箱内物品，戴厚橡胶手套并进行面部防护，清理后要对内表面进行消毒。未标明的或废旧物品应当高压灭菌并丢弃。应当保存一份冻存物品的清单。

清洗冰箱时应先拔除电源插头，使用软布或者海绵，蘸清水或肥皂液清洗，不能使用硬毛刷、钢丝刷、牙膏、去污粉、有机溶剂、热水或者酸、碱等清洗冰箱，清洁时不能用水喷淋冲洗，以免影响冰箱绝缘性能，清洁温控旋钮和照明灯等电器件时，要使用干抹布。

如冰箱长时间停用，应切断电源，除霜清洁，并保持冰箱门敞开。

十一、离心机

1. 用途

用于混合溶液的快速分离和沉淀，如发酵液中菌体的分离、油水混合物的快速分层等。

2. 工作原理

离心机（图 2-10）主要由底座和容器室组成，底座内有电动机和转速调节器，容器室内有转盘，它是固定在电动机上用于放置离心管的装置。接通电源后，电机开始转动，转盘开始旋转，带动离心管水平旋转而产生离心作用，加快物质分离。

3. 使用注意事项

在使用离心机前必须确认其放置在平稳、坚固的地面（台面）。使用时负载必须平衡，放入离心管时必须对称安置。在离心过程中，操作人员不得远离离心机，如发现声音不正常，应立即关机，并进行检查维修。

图 2-10　离心机

分离结束后，先关闭离心机，在离心机停止转动后，方可打开离心机盖，取出样品，不可用外力强制其停止运动。严禁在还未停转的状态下和开机运转的状态下打开机盖。

离心机在预冷状态时，离心机盖必须关闭，离心结束后取出转头要倒置于实验台上，擦干腔内余水，离心机盖处于打开状态。

不得使用伪劣的离心管，不得使用老化、变形、有裂纹的离心管。

十二、真空冷冻干燥机

1. 用途

生物制品经完全冻结，并在一定真空条件下使冰晶升华，从而达到低温脱水的目的，此过程称为冷冻干燥，简称冻干。冷冻干燥对不耐热的生物制品如酶、激素、核酸、血液和免疫制品、微生物等的干燥尤为适宜。冷冻干燥是微生物菌种长期保藏的最为有效的方法之一，大部分微生物菌种可以在冻干状态下保藏 10 年而不丧失活力，而且经冻干后的菌种无需进行冷冻保藏，便于运输。

2. 工作原理

真空冷冻干燥机（图 2-11）由制冷系统、真空系统、加热系统、电器仪表控制系统所组成，主要部件为干燥箱、凝结器、冷冻机组、真空泵加热/冷却装置等。冻干物质由于微小冰晶体的升华而呈现多孔结构，并保持冻结时的体积，因此加水后极易溶解而复原，冻干过程在较低温度下，干燥过程能排除 95%～99% 的水分，有利于生物制品的长期保存，同时由于干燥过程在真空条件下进行，因此制品不容易氧化，针对化学、物理、生物特性不稳定的生物制品，冻干法已被实践证明是一种有效的手段。

3. 使用注意事项

设备应该放置在空气流动、干燥的环境内，室内避免有发热物。

冻干的样品要先放在 -80℃ 的冰箱内预冻。

密封断面要保证无异物，以免影响系统真空度，冷阱室和干燥室要保持清洁，避免异物进入真空泵。每次使用完毕应该检查真空泵，看泵内油窗油位是否正常，如果真空泵油发生混浊，应及时更换，避免真空达不到指标。

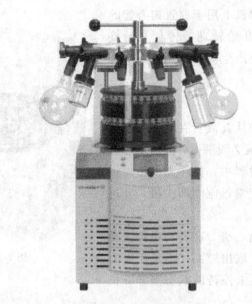

图 2-11 真空冷冻干燥机

十三、PCR 仪

1. 用途

简单说 PCR 就是利用 DNA 聚合酶对特定 DNA 片段做体外的大量合成，它是利用 DNA 聚合酶进行专一性的复制。根据 DNA 扩增的目的和检测的标准，可以将 PCR 仪（图 2-12）分为普通 PCR 仪、梯度 PCR 仪、原位 PCR 仪、实时荧光定量 PCR 仪四类。

图 2-12　PCR 仪

普通的 PCR 仪，也被称为普通 PCR 仪，一次 PCR 扩增只能在一个特定退火温度运行。若在不同的退火温度下进行 DNA 扩增，则需要多次运行。

梯度 PCR 仪，一次性 PCR 扩增可以设置一系列不同的退火温度条件（温度梯度）。因为被扩增的不同 DNA 片段，其最适退火温度不同，通过设置一系列的梯度退火温度进行扩增，从而一次性 PCR 扩增，就可以筛选出表达量高的最适退火温度，进行有效的扩增。主要用于研究未知 DNA 退火温度的扩增，这样节约成本的同时也节约了时间。梯度 PCR 仪在不设置梯度的情况下，也可以做普通 PCR 扩增。

原位 PCR 仪，用于从细胞内靶 DNA 的定位分析的细胞内基因扩增仪，如病原基因在细胞的位置或目的基因在细胞内的作用位置等。是保持细胞或组织的完整性，使 PCR 反应体系渗透到组织和细胞中，在细胞的靶 DNA 所在的位置上进行基因扩增，不但可以检测到靶 DNA，又能标出靶序列在细胞内的位置，于分子和细胞水平上研究疾病的发病机理和临床过程及病理的转变有重大的实用价值。

实时荧光定量 PCR 仪，是在普通 PCR 仪的基础上增加一个荧光信号采集系统和计算机分析处理系统。其 PCR 扩增原理和普通 PCR 仪扩增原理相同，只是 PCR 扩增时加入的引物是利用同位素、荧光素等进行标记，使用引物和荧光探针同时与模板特异性结合扩增。扩增的结果通过荧光信号采集系统实时采集信号连接输送到计算机分析处理系统得出量化的实时结果输出。荧光定量 PCR 仪有单通道、双通道和多通道等。当只用一种荧光探针标记的时候，选用单通道；有多荧光标记的时候用多通道。单通道也可以检测多荧光的标记的目的基因表达产物，因为一次只能检测一种目的基因的扩增量，需多次扩增才能检测完不同目的基因片段的量。

2. 工作原理

基本的 PCR 须具备的要素有四个：要被复制的 DNA 模板（template）、界定复制范围两端的引物（primers）、DNA 聚合酶（polymerase）、合成的原料（四种脱氧核苷酸，dNTP）及水。

PCR 的反应包括三个主要步骤：①变性（denaturation），是将 DNA 加热（至 90～95℃）变性，将双股的 DNA 加热后转为单股 DNA 以作为复制的模板；②退火（annealing），是令引物于一定的温度下（冷却至 55～60℃）附着于模板单链 DNA 两端；③延伸（extension），在 DNA 聚合酶的作用下（加热至 70～75℃）进行引物的延长。

3. 使用注意事项

设备在运行过程中，不能以切断电源的方式结束实验，原因有二：一是对执行程序不利；二是电源切断后，风机停转，原件散热不畅，易积热损坏。

样品槽清洗时，应使用中性肥皂水，严禁使用强碱、有机溶剂和高浓度酒精；定期清洗基座时，要避免液体进入机器内部，本设备不适宜在潮湿、暴晒的环境中使用。

十四、厌氧培养箱

1. 用途

厌氧培养箱（图 2-13）是一种可在无氧环境下进行细菌培养及操作的专用装置。可培养最难生长的极端厌氧微生物，又能避免以往极端厌氧微生物在大气中操作时接触氧气而死亡的危险。

2. 工作原理

厌氧培养箱由培养操作室、取样室、气路及电路控制系统等部分组成。其利用氮气/二氧

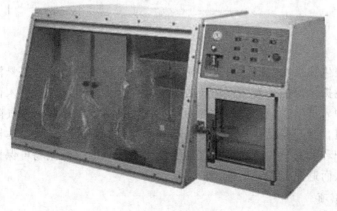

图 2-13 厌氧培养箱

化碳/氢气三元混合气中的氢气在催化剂的作用下与体系内存在的氧气反应生成水以除去体系中的氧气，实现体系中的无氧，确保操作者在无氧环境中进行厌氧微生物的操作和培养。

3. 使用注意事项

仪器尽可能地安装于空气清净、温度变化较小的地方。

开机前应全面熟悉和了解各组成配套仪器、仪表的使用说明，掌握正确使用方法。真空泵按要求使用，定期检查加油。

培养物放入必须是在操作室内达到绝对厌氧环境后放入。经常注意气路有无漏气现象，调换气瓶时，注意要扎紧气管，避免流入含氧气体。

厌氧培养箱需要长期连续使用，要每天在操作室内打开美兰指示剂观察，如不正常就必须重新换气，要长期连续输入微量的混合气体，使补进的氢气能和微量的氧结合通过催化变成水从而保证室内厌氧状态。

十五、生物安全柜

1. 用途

生物安全柜（图 2-14）是通过高效空气过滤器对气体实现高效过滤，控制风道系统，使工作区被负压包围，形成完善的气流模式，来保护人员安全、样品安全以及外部环境安全。应用于生物实验室、医疗卫生、生物制药等相关行业，对改善工艺、保护操作者的身体健康均有良好效果。

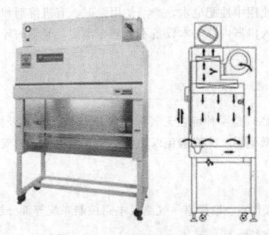

图 2-14　生物安全柜

2. 工作原理

生物安全柜是生物实验室的主要安全防护设备，可以有效防止有害悬浮颗粒的扩散，对人员、样品和环境提供保护。安全柜运转时，气流经前方开口从外界引入位于操作区前的进气格栅，用以保护人员不受操作物逃逸的污染和伤害；流入工作区的外气随即被风压由前进格栅引入后部风道，避开样品，从而保护样品安全；排气则经过高效过滤器，可再循环使用或排往室外，保护环境安全。流经高效过滤器到操作区域的气流流场可保护样品，隔离外气并排出气溶胶，从而避免工作台上样品的交叉污染。

3. 使用注意事项

生物安全柜需要定期强检确保防护效果，合格后方可投入使用。设备使用需要记录。

操作生物安全柜前要将必要的首饰、手表等摘除，人员要采取必要的防护措施，如戴手套、防护眼镜等。

在开始工作前将工作中会用到的物品都放置在安全柜台板无孔区上，避免在工作完成前出现经过空气隔流层放入物品的情况，同时要分区摆放，区分污染区和非污染区。不要将不必要的物品放在生物安全柜内。

实验过程中不要在安全柜内快速地挥动手臂，也不要在安全柜前来回走动，避免引起气流紊乱。不要挡住安全柜前方的进气格栅。生物安全柜内不能使用酒精灯。

操作完成后，将实验用的所有材料和物品用70％的酒精进行表面消毒后取出，再用70％的酒精清洁柜内台面及四角。维持气流10～15min，关闭前玻璃门，使用紫外灯再灭菌20min。

十六、电热恒温干燥箱

1. 用途

电热恒温干燥箱（图 2-15）又称烘箱，它的主要用途是烘干物品或干热灭菌。

图 2-15　电热恒温干燥箱

2. 工作原理

电热恒温干燥箱的结构主要由箱体、电热器和温度控制器三部分组成，一般分为普通式和鼓风式两种，后者在箱内装有一台单相电容启动电机，带动一只风扇，以加快热空气对流，使箱内温度均匀，同时使箱内物品蒸发的水汽加速散逸到箱外空气中，提高干燥效率。电热恒温干燥箱的恒温范围一般为50～250℃，灵敏度一般为±（0.5～1.0℃）。

干热灭菌法是指在非饱和湿度下进行的热力学灭菌。干热灭菌所用加热介质就是一定湿度条件下的空气，通过强制对流而运动。由于热空气会带走水分，被灭菌物品（包括芽孢）也会逐渐失水，从而使微生物的杀灭率也发生相应的变化。干热灭菌与湿热灭菌的动力学特征相似，但反应机制却有所不同。干热灭菌是使微生物氧化而不是蛋白质变性，这就是干热灭菌要求相对较高温度的原因。

干热灭菌被广泛用于不耐受高压蒸汽的热稳定性物品的灭菌，如甘油、油类、凡士林、石蜡以及一些粉状药品，如滑石粉、磺胺类药物以及玻璃容器和不锈钢设备等。

3. 使用注意事项

烘箱的工作环境温度 5～40℃、相对湿度≤85％，产品四周应该留出 30～50cm 的空间，不要将产品放在火灾报警器下方。开机后，必须打开风机，必须使用上偏差报警功能。

不得放入易燃、易爆、易挥发及产生腐蚀性的物质进行干燥、烘焙，如用于溶剂干燥的分子筛、用乙醇涮洗后的玻璃器皿等。

不得用裸手直接触摸工作时的箱门或从箱内取没有冷却的物品，从烘箱中取出物品时应佩戴隔热手套，以免烫伤，尤其要注意取放物品时的防烫防护。

不允许随意接长或剪短产品电源连线；必须可靠接地，不可以零线或中线作为地线。拔电源插头时，切勿直接拖拉电源线。设备发生故障时，不得擅自进行修理，必须由生产商委托的专业人员进行修理。

有下列情况之一的，必须拔下电源插头：更换保险丝、产品发生故障待检查修理、产品长时间停止使用、搬动产品。

若长期停用，必须拔掉电源，对箱体进行内、外清洁后罩上塑料防尘套。若存放环境湿度大，需要定期（1 个月）通电升温对设备进行驱潮处理。

第三章
显微镜使用和形态学观察

　　微生物的类群庞杂、种类繁多，对于细胞型的微生物而言有原核微生物和真核微生物两大类。工业微生物中原核微生物主要为细菌和放线菌，真核微生物主要为酵母菌和霉菌。

　　每种生物都有其各自的形态，微生物也不例外。微生物的形态分为个体形态和群体（菌落）形态。微生物的个体形态指单个微生物的形态。由于人肉眼对小于1mm的颗粒已难以分辨，因此借助于生物显微镜才能清晰观察到单个微生物。

　　1670年，荷兰人Leeuwenhoek发明了世界上第一台显微镜并记录了在显微镜下观察到的微生物。这个发明为人类打开了一扇大门，为人类研究微生物打下了基础。现在，显微镜已成为观察微生物个体形态不可缺少的重要仪器。熟悉显微镜和掌握显微镜的操作技术是研究微生物不可缺少的手段。

　　从Leeuwenhoek发明了世界上第一台显微镜至今，显微镜技术得到了长足的进步，各种显微镜得以发明，用于不同的研究目的。现代显微镜一般可以分为两大类：一类是光学显微镜；另一类是电子显微镜。这两类显微镜又可以根据不同的情况分为若干类型，如图3-1所示。

　　微生物的个体形态，至少需在光学显微镜下才能看见，虽然有显微镜的帮助，但由于微生物细胞含有大量水分，因此其对光线的吸收和反射与水溶液无明显差别，在用普通光学显微镜观察时，往往与周围背景没有明显的明暗差，这样就不能较清晰地观察到细胞的形态。采用微生物染色技术，借助与物理因素（如细胞及细胞物质对染料的毛细现象、渗透、吸附作用等）和化学因素（即根据细胞物质和染料的不同性质发生各种化学反应），使细胞和周围背景之间明暗度产生明显的差异，以便于清晰观察微生物的形态。

　　一个细胞在固体培养基上繁殖集聚成肉眼可见的集落称为菌落。各种微生物在一定培养条件下形成的菌落具有一定的特征，包括菌落的大小、形状、光泽、颜色、气味、与培养基结合的牢固度等，这称为微生物的菌落形态。不同的微生物在个体形态和菌落形态上有很大的差异。

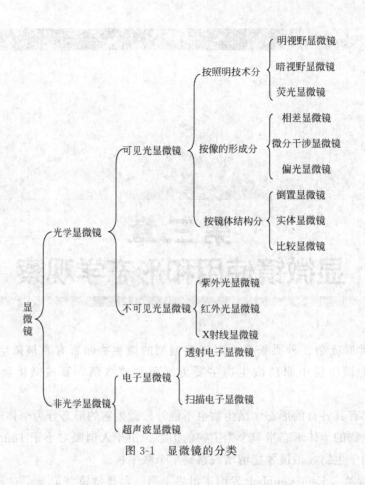

图 3-1　显微镜的分类

实验一 普通光学显微镜的使用

一、实验目的

1. 了解普通光学显微镜的结构、基本原理、维护和保养方法。
2. 掌握普通光学显微镜的正确使用方法。
3. 学习微生物个体形态图的画法。

二、实验原理

1. 普通光学显微镜的结构

普通光学显微镜由机械装置和光学系统组成。

（1）机械装置（图 3-2）

镜座上显微镜的基座，起稳定和支持整个机身的作用，使显微镜能平稳放置在平面上，有的显微镜在镜座内装有照明光源等。

镜柱是连接镜座和镜臂的短柱。

镜臂用以支持镜筒，也是移动显微镜时用手握住的部分。直筒显微镜的镜座和镜臂之间有一倾斜关节，可以使镜臂倾斜一定的角度，便于观察。但倾斜度一般不超过 45°，避免显微镜失去重心而翻倒。镜筒倾斜式显微镜无此关节。

镜筒是连接目镜与物镜的金属筒。镜筒上端插入目镜，下端与物镜转换器相连。根据镜筒的数目，光学显微镜可以分为单筒式和双筒式两类。单筒式又分为直筒式和倾斜式两种；双筒式均为倾斜式。

镜台又被称为载物台，在镜筒下方，是放置标本的地方，为方形或圆形。镜台中央有一圆形通光孔，两侧各有一个用于固定被检标本片的压片夹。有的显微镜则有标本移动器，移

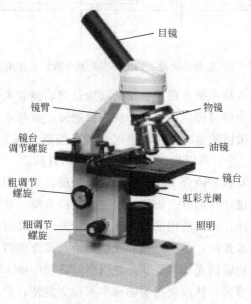

图 3-2　普通光学显微镜的结构示意图

目镜

镜臂

物镜

镜台调节螺旋

油镜

粗调节螺旋

镜台

虹彩光阑

细调节螺旋

照明

动器上装有弹簧夹，可固定标本片。转动螺旋可以使标本片前后和左右移动。有的标本移动器上还带有游标尺，可指明标本所在的位置。

物镜转换器安装在镜筒的下端，其上装有 3～5 个不同放大倍数的物镜，使用时可通过转动物镜转换器选用合适的物镜。为使用方便，物镜应按从低倍到高倍的顺序安装。转换物镜时，必须用手按住圆盘旋转，切勿用手指直接推动物镜，以免使物镜和转换器间的螺旋松脱而损坏显微镜。

调节器安装在镜臂基部或镜柱两侧的粗、细螺旋上，可调节物镜与被检标本片之间的距离，以便清晰地观察标本。粗调螺旋旋转一周可使镜筒升降约 10 mm，一般用于低倍镜调焦；细调螺旋旋转一周可使镜筒升降约 0.1 mm 的距离，用于高倍镜、油镜或分辨物像清晰度的调焦。

（2）光学部分

物镜安装在物镜转换器上，是显微镜中很重要的光学部件，是由多块透镜组成的一个镜头组。根据物镜的放大倍数和使用方法的不同，物镜可以被分为低倍镜、高倍镜和油镜三类。低倍镜的放大倍数常为 4×、10×、20×；高倍镜的放大倍数常为 40×、45×；油镜的放大倍数常为 90×、95×、100×，油镜镜筒上刻有 OI 或 HI 或 oil 字样，也有刻一圈红线或黑线为标记的，借以区别于其他物镜。物镜上标出了物镜的重要参数，包括放大倍数、数值孔径（NA）、镜筒高度（物镜底面到目镜顶面的距离，单位是 mm）及要求盖玻片的厚度等。现举例说明其含义如下（图 3-3）。

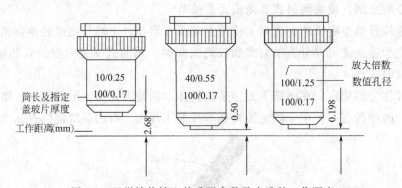

图 3-3　显微镜物镜上的重要参数及大致的工作距离

目镜呈短圆筒状，装在显微镜上端。目镜的功能是把物镜放大的物像再次放大。目镜由两片透镜组成，上面一块为接目透镜，下面一块为聚透镜，在两块透镜之间或聚透镜的下方有一视野光阑。在进行显微镜测量时目镜测微尺要放在视野光阑上。目镜上刻有放大倍数，如 5×、10×、15×、20×等，可以根据需要选择合适的目镜。

聚光镜又称聚光器，安装在镜台下，由多块透镜组成，其作用是把平行的光线聚焦到标本上，增强亮度。一般在镜柱一侧有一旋钮，可使聚光镜升降。聚光镜与物镜配合使用，通常用低倍镜时聚光镜应下降，而当使用油镜时聚光镜应升到最高位置。

在聚光镜的上方是虹彩光阑，俗称光圈。光圈由十几张金属游片组成，通过调节光阑孔径的大小，可以调节进入物镜的光线的强弱。在观察较透明的标本时，光圈宜小一些，这时分辨率虽然降低，但反差增强，从而使透明的标本看得更清楚；但不宜将光圈关得太小，以免由于光干涉现象而导致成像模糊。当使用油镜时，把光圈完全打开，增强射入光线的强度。在光圈下常装有滤光片架，可以放置不同颜色的滤光片。

在聚光镜下方的镜座上，安装有反光镜。反光镜是一个有平、凹两个面的双面镜，可以在水平与垂直两个方向上任意旋转，其作用是采集光线并将光线射向聚光镜。凹面镜还能起到聚光的作用。因此，未安装聚光镜的显微镜及光源较弱时可应用凹面镜，而在光源较强及用聚光镜时一般可用平面镜。有的显微镜安装有电光源，使用时不用通过反光镜就可以进行观察。

2. 普通光学显微镜的光学原理

由单透镜构成的放大镜和由几块透镜组成的实体显微镜称单式显微镜。现代普通光学显微镜是利用两组透镜系统来放大成像，故又被称为复式显微镜。其光学原理是：由外界入射的光线经反光镜反射向上，或由内光源发射的光线经聚光镜向上汇聚在被检标本上，由标本反射或折射出的光线经物镜进入，使光轴与水平面倾斜 45°角的棱镜在目镜的视场光阑处，成放大的侧光实像，该实像再经目镜的接目透镜放大成虚像。

（1）显微镜的放大倍数

被检标本经显微镜的物镜和目镜放大后的总放大倍数是：标本放大倍数＝物镜的放大倍数×目镜的放大倍数。如用 40× 的物镜和 10× 的目镜，总放大倍数是 400×。

（2）分辨率

评价一台显微镜的精密程度，不仅要看其放大倍数，更重要的是看其分辨率。分辨率是指显微镜能够辨别发光的两个点的最小距离的能力，该最小的距离被称为鉴别距离或分辨距离（R）。R 的计算公式如下：$R = \lambda / (2NA)$；其中，λ 代表入射光的波长，NA 代表物镜的数值孔径。

NA 的计算公式如下：$NA = n \times \sin\theta$。其中，n 代表光线进入物镜前所在介质的折射率，θ 代表进口角 α（图 3-4）的半数。θ 的最大值不可能达到 90°，故 $\sin\theta < 1$。当介质为空气时，$n = 1$。所以干燥系下物镜的数值孔径都小于 1。使用油镜时，物镜与标本片之间的介质是香柏油（$n = 1.515$）或液体石蜡（$n = 1.52$），故而数值孔径增大。因而油镜的分辨率要优于其他物镜。

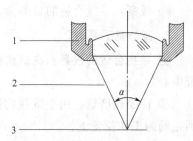

图 3-4　物镜的进口角

1—物镜；2—进口角；3—标本面

（3）工作距离

工作距离是指观察标本最清晰时，物镜透镜的下表面与标本之间（无盖玻片时）或与盖玻片之间的距离。物镜的放大倍数越大，工作距离越短。油镜的工作距离最短，约为 0.2 mm。不同放大倍数的物镜的工作距离不同，但在同一台显微镜中，不同放大倍数的物镜切换时，只须进行细调焦便可清晰地观察到标本。

三、实验器材

普通光学显微镜、擦镜纸、无水乙醇、香柏油、微生物标本片（包括枯草芽孢杆菌 *Bacillus substilis*、大肠杆菌 *Escherichia coli*、四联球菌 *Tetraggenococcus* sp.、酿酒酵母 *Saccharomyces cerevisiae*）。

四、实验内容

(一) 观察前的准备

1. 显微镜的放置

置显微镜于平稳的实验台上, 镜座距实验台边缘 3~4cm。

2. 调节光源

接通电源后, 取下目镜, 直接向镜筒内观察, 调节聚光镜上的孔径光阑, 使光阑孔径与视野恰好一样大或略小于视野。该步骤的目的是使入射光展开的角度与物镜的数值孔径相一致, 既可充分发挥该物镜的分辨率, 又能把超过该物镜可能接受的多余光挡住, 避免产生干扰。放回目镜后, 通过调节聚光镜上的视野光阑或调节照明度控制钮, 选择最佳的照明效果。

(二) 观察

一般情况下, 特别是初学者, 进行显微镜观察时应遵循从低倍镜到高倍镜再到油镜的顺序, 因为物镜的放大倍数越小, 视野相对也越大, 越易发现目标及确定检查的位置。

1. 低倍镜下观察标本

① 放置标本: 下降镜台或升高镜筒, 将标本片放置在镜台上, 用压片夹夹紧, 调节标本移动器使标本片上有染色剂的部分处于物镜正下方。

② 调焦: 转动粗调节螺旋, 升高镜台或下降镜筒, 使低倍镜头的前端接近载玻片。用双眼在目镜上观察, 并转动粗调节螺旋, 使镜台下降或镜筒上升直到可看到物像。然后转动细调节螺旋, 使物像清晰。

③ 观察: 寻找合适的目的菌, 仔细观察。

2. 高倍镜下观察

① 寻找合适的视野: 在低倍镜下找到合适的目的菌, 通过调节标本移动器使其移至视野中心。

② 转换高倍镜: 用手按住物镜转换器慢慢旋转, 当听到 "咔嚓" 一声即表明物镜已转到正确的工作位置上。

③ 调焦: 一般情况下, 同一台显微镜上的物镜是同焦物镜。也就是说, 从低倍镜切换到高倍镜后, 只要稍微调节一下细调螺旋就可以看清物像。

④ 观察: 仔细观察标本, 比较与低倍镜下的异同。

3. 油镜下观察

① 寻找合适的视野: 在高倍镜下找到合适的目的菌, 通过调节标本移动器使其移至视野中心。

② 加香柏油: 从小瓶内取香柏油 1~2 滴, 加到欲观察的涂片上。

③ 转换油镜: 将油镜转到工作位置, 下降镜筒, 使油镜浸入香柏油中, 并从侧面观察, 使镜头降至既非常接近标本片, 又不能与标本片相接触的合适位置。

④ 调节亮度: 调节聚光器到最高位置, 打开光圈到最大位置, 使进入油镜的光线最多。

⑤ 调焦: 从目镜中观察, 同时转动粗螺旋, 缓慢拉开油镜和标本片的距离, 至出现模

糊的物像时再用细调螺旋调节至物像清晰为止。若按上述操作找不到物像，有可能是开始时油镜头下降未到位，也有可能是油镜上升太快，以至眼睛捕捉不到一闪而过的物像。遇此情况，应重新操作。

⑥ 观察：仔细观察标本，比较与低、高倍镜下的异同，并细心绘制形态图。

（三）观察后对显微镜和标本片的处理

1. 处理显微镜

① 转动粗调节螺旋，使镜筒和镜台的距离拉开，取出标本片。

② 清洁油镜：先用擦镜纸擦去镜头上的香柏油，然后用蘸少许无水乙醇的擦镜纸擦掉残留的香柏油，再用干净的擦镜纸擦去残留的无水乙醇。若使用液体石蜡作镜油，可以只用擦镜纸擦净，不必使用无水乙醇。

③ 清洁目镜和其他物镜：用擦镜纸擦净其他的物镜及目镜。

④ 清洁后应将物镜转成"八"字形，缓慢上升镜台，使物镜搁置在镜台上。将聚光镜降至最低位置。在显微镜上套上镜罩后放入显微镜柜中。

2. 处理标本片

对标本片上的香柏油，要用拉纸法擦拭。先把一张小擦镜纸盖在油滴上，再滴上 2～3 滴无水乙醇，平拉擦镜纸，使其轻轻在标本片上拖过。重新换上干净擦镜纸后重复。2～3 次后，肉眼观察标本片上无香柏油残留即可。

五、注意事项

1. 取显微镜时应该用右手握住镜臂，左手托住镜座，使镜身保持直立。切忌单手拎提显微镜。

2. 所有镜面切忌用手指、纱布、普通纸张擦拭，以免磨损镜面，需要时只能用擦镜纸擦拭。

3. 粗、细调节螺旋调焦时，切忌采用对着目镜边观察边上升镜台的错误操作，应从侧面注视，以免压坏标本片和损坏镜头。油镜的工作距离很短，操作时要尤其小心谨慎。

4. 观察标本片时注意标本片的正面，也就是涂布有微生物的一面向上。

5. 观察完毕后注意用正确的方法擦拭标本片上的残余香柏油。动作要轻柔，切勿将标本片上涂有微生物的部分擦去。

六、实验记录

描绘微生物个体形态（表 3-1）。

七、预习思考题

列出显微镜的低倍镜、高倍镜和油镜的观察对象。

八、思考题

1. 使用油镜观察时为何要在标本片和镜头之间滴加香柏油？

2. 使用油镜观察时应如何调节显微镜的聚光镜和光圈？

3. 油镜用毕后，为什么必须把油镜上的香柏油擦净？用过多的酒精擦拭会有什么危害？

表 3-1　微生物个体形态图

菌名：	菌名：	菌名：
显微镜放大倍数：	显微镜放大倍数：	显微镜放大倍数：
个体形态图	个体形态图	个体形态图
个体形态描述	个体形态描述	个体形态描述

实验二　暗视野显微镜的使用

一、实验目的

1. 了解暗视野显微镜的结构、基本原理、维护和保养方法。
2. 掌握暗视野显微镜的正确使用方法。

二、实验原理

在日常生活中，室内飞扬的微粒灰尘是不易被看见的，但在暗的房间中若有一束光线从门缝斜射进来，灰尘便粒粒可见了，这是光学上的丁道尔（Tyndall）现象。暗视野显微镜就是利用此原理设计的。它的结构特点主要是使用中央遮光板或暗视野聚光器，常用的是抛物面聚光器。在暗视野显微镜中，光源的中央光束被阻挡，不能由下而上地通过标本进入物镜。从而使光线改变途径，倾斜地照射在观察的标本上，标本遇光发生反射或散射，散射的光线投入物镜内，因而整个视野是黑暗的。在暗视野中所观察到的是被检物体的衍射光图像，并非物体的本身，所以只能看到物体的存在和运动，不能辨清物体的细微结构。但被检物体为非均质时，并大于 1/2 波长，则各级衍射光线同时进入物镜，在某种程度上可观察物体的构造。一般暗视野显微镜虽看不清物体的细微结构，但却可分辨 $0.004\mu m$ 以上的微粒的存在和运动，这是普通显微镜（最大的分辨率为 $0.2\mu m$）所不具有的特性。在微生物学研究工作中，常用暗视野显微镜来观察不易着色的细菌、螺旋体、大型病毒的形态以及活菌的运动鞭毛等。

暗视野聚光器主要有两种类型：折射型和反射型（图 3-5）。折射型的暗视野聚光器是在普通聚光器放置滤光片的地方，放上一个中心有光挡的小铁环，甚至在一圆形玻璃片的中央贴上一块回形的黑纸也可以获得暗视野的效果。反射型的暗视野聚光器又可分为抛物面形和心形两种。

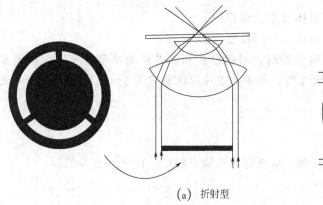
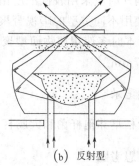

(a) 折射型　　　　　　　　　(b) 反射型

图 3-5　暗视野聚光器的两种类型

三、实验器材

普通光学显微镜、暗视野聚光器、载玻片、盖玻片、香柏油、无水乙醇、擦镜纸、枯草芽孢杆菌（*Bacillus substilis*）和大肠杆菌（*Escherichia coli*）（经多次传代活化）菌液。

四、实验内容

① 安装暗视野显微镜：将普通光学显微镜的聚光器取下，换上暗视野聚光器，把聚光器升至最高位置。

② 制片：取洁净载玻片（厚度 1.0～1.2mm）一块，加一滴枯草芽孢杆菌或大肠杆菌的菌液，盖上洁净盖玻片（厚度不超过 0.17mm）。

③ 放置标本片：加一滴香柏油于聚光镜的顶端平面上，再将水封片搁置在镜台上，使标本片的下表面与聚光镜上香柏油相接触，避免产生气泡。

④ 调节光源：打开显微镜灯，调节至最亮位置；把光阑开到最大位置。

⑤ 调焦和调中：在低倍镜下观察，视野中可出现一个光点，通过转动聚光器升降螺旋来调节聚光器的高低，可以使光点变大或变小。当光点最小时，聚光器的高度处于最佳位置。再调节暗视野聚光器的调中螺丝，使光点出现在视野的正中央（图 3-6）。

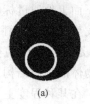 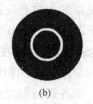 

(a)   (b)   (c)

图 3-6　暗视野聚光器的调中和调焦

（a）聚光器的光轴和显微镜的光轴不一致；（b）光轴一致，但聚光器的焦点与被检物不一致；（c）光轴和焦点均一致

⑥ 油镜下观察：把工作物镜转换成油镜，按油镜的使用方法正确使用油镜进行观察。该步骤中，可根据情况适当地进行聚光镜的调焦和调中操作。

⑦ 观察后的处理：参照普通光学显微镜的要求，妥善清洁镜头和聚光镜，"八"字形放置物镜。换下暗视野聚光器，安装普通光学显微镜的聚光器。

五、注意事项

1. 注意正确使用显微镜，具体可参见实验一。

2. 制片时应采用较低浓度菌液，取用量要少。

3. 使用不同类型的暗视野聚光器时，对载玻片和盖玻片的厚度各有一定的要求。用油镜观察标本时多使用抛物面型聚光器，所用的玻片厚度通常为 1～1.1mm，盖玻片的厚度不超过 0.17mm。

六、实验记录

描绘枯草芽孢杆菌和大肠杆菌在暗视野显微镜下的运动情况（表 3-2）。

七、预习思考题

比较暗视野显微镜和常规光学显微镜的异同点及应用范围。

八、思考题

1. 暗视野显微镜有什么优缺点？

2. 在暗视野显微镜中如何区分菌体是在进行布朗运动、随水流动还是在进行自主运动？

表 3-2 微生物个体形态图

菌名：		菌名：	
显微镜放大倍数：		显微镜放大倍数：	
个体形态图		个体形态图	
个体形态和运动情况描述		个体形态和运动情况描述	

实验三　相差显微镜的使用

一、实验目的

1. 了解相差显微镜的结构、基本原理、维护和保养方法。
2. 掌握相差显微镜的正确使用方法。

二．实验原理

所有的波都具有波长、频率、振幅、相位 4 个基本属性。对于可见光波而言，振幅表现为亮度；波长表现为颜色；相位指在某一时间上光的波动所能达到的位置。前三个属性的变化可以被肉眼所捕捉，而相位的变化却是肉眼所感觉不到的。当光通过物体时，如波长和振幅发生变化，人们的眼睛才能观察到，这就是普通显微镜下能够观察到染色标本的道理。而活细胞和未经染色的生物标本，因细胞各部微细结构的折射率和厚度略有不同，光波通过时，波长和振幅并不发生变化，仅相位有变化（相应发生的差异即相差），而这种微小的变化，人眼是无法加以鉴别的，故在普通显微镜下难以观察到。相差显微镜能够改变直射光或衍射光的相位，并且利用光的衍射和干涉现象，把相差变成振幅差（明暗差），同时它还吸收部分直射光线，以增大其明暗的反差。因此可用以观察活细胞或未染色标本。

相差显微镜与普通显微镜的主要不同之处是：用环状光阑代替可变光阑，用带相板的物镜代替普通物镜，并带有一个合轴调整望远镜。

环状光阑是由环状孔形成的光阑，在不同光阑边上刻有 0×、10×、20×、40×等字样。"0×"表示没有环状光阑，相当于普通可变光阑；其他数字表示使用不同放大倍数的物镜时必须配合使用的相应环状光阑。大小不同的环状光阑成一转盘（图 3-7），安装于聚光器的下方，更换放大倍数不同的物镜时，要同时更换与其相匹配的光阑。来自光源的直射光从环状光阑的透明亮环部分通过，形成一个空心圆筒状的光柱，经聚光器照射到标本后，产生两部分光，一部分是直射光，另一部分是经过标本后产生的衍射光。

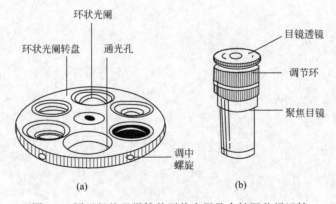

图 3-7　用于相差显微镜的环状光阑及合轴调节望远镜

相板安装在物镜的后焦面处，这是相差显微镜的主要装置。带有相板的物镜被称为相差物镜，常用"PH"或"PC"作为标志，也可用红圈作标志，有时则同时有"PH"和红圈。相板上和环状光阑相对应的环状部分大多数是涂的吸收膜和推迟相位膜，其他部分则完全透

应用微生物学实验

明。从标本上射过来的光线，绕射光通过透明区；直射光则穿过相板的环状部分，光强度减弱，同时相位也适当改变。一般所用的相板使直射光波提前或延后 π/2（即 1/4 相位），同时可以吸收 80％ 左右的直射光。由于透明标本内部构造的折射率不同，产生绕射光的相位就会有不同程度的推迟，绕射光和直射光的干涉作用把相位差变成了振幅差。两者相位相近时，可增强光亮；相位相反时，则减弱光亮甚至完全抵消（图 3-8）。

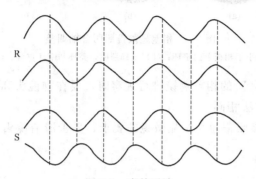

图 3-8 光的干涉
R—相长干涉；S—相消干涉

合轴调整望远镜，也可被称为调轴望远镜，是用来进行合轴调节的。相差显微镜在使用时，聚光镜下面环状光阑的中心与物镜光轴要完全在一直线上，必须调节光阑的亮环和相板的环状圈重合对齐，才能发挥相差显微镜的效能。否则直射光或衍射光的光路紊乱，应被吸收的光不能吸收，该推迟相位的光波不能推迟，就失去了相差显微镜的作用。

为了获得良好的相差，最好使用单色光线进行照明，一般选用绿色光线。

相差显微镜可分为正相差和负相差两类。正相差显微镜又被称为暗相差显微镜，观察时可看到标本亮度弱于背景；负相差显微镜又被称为明相差显微镜，观察时可看到标本亮度强于背景。正相差显微镜特别适合观察活细胞内部的细微结构。

三、实验器材

相差显微镜、载玻片、盖玻片、香柏油、无水乙醇、擦镜纸、酿酒酵母（*Saccharomyces cerevisiae*）菌液。

四、实验内容

① 制片：取洁净载玻片（厚度不超过 1.0mm）一块，加一滴酿酒酵母菌液，盖上洁净盖玻片（厚度不超过 0.17mm）。

② 明视野下观察：将酿酒酵母水封片置于载物台上，将相差聚光镜转盘转到"0×"位，用低倍物镜（10×）观察标本。

③ 环状光阑下调节照明：将相差聚光镜转盘转到"10×"位，调整聚光器高度和光阑大小，使视野中央照明区达到最均匀和最亮。

④ 合轴调整：取下原有目镜，换上合轴调整望远镜。上下移动望远镜筒至能看清物镜中的相板为止。相板位置是固定的，而环状光阑可横向移动，两手同时操作相差聚光镜的调节钮，使相板环与环状光阑的亮环完全重合（图 3-9）。

⑤ 观察：取下合轴调整望远镜，换上目镜后观察。更换其他放大倍数的相差物镜都应

51

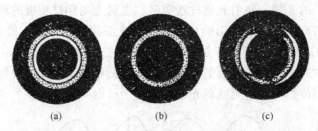

图 3-9　相差显微镜照明合轴调整

(a) 环状光阑形成的亮环小于相板上的暗环；(b) 正确照明，亮环和暗环重合；(c) 环状光阑中心不合轴

进行合轴调整。用"100×"的相差物镜进行观察时，要在物镜头和盖玻片之间滴加香柏油。镜检操作和普通显微镜方法相同。

⑥ 观察后的处理：参照普通光学显微镜的要求，妥善清洁镜头，"八"字形放置物镜。

五、注意事项

1. 注意正确使用显微镜，具体可参见实验一。
2. 制片时应采用较低浓度菌液，取用量要少。

六、实验记录

描绘相差显微镜的油镜下所观察到的酿酒酵母的形态（表 3-3）。

表 3-3　微生物个体形态图

微生物名称：	个体形态图
显微镜放大倍数：	
个体形态描述：	

七、预习思考题

相差显微镜有哪些特有的附件？其构造如何？

八、思考题

为什么相差显微镜适合于观察活细胞内的细微结构？

实验四 微分干涉差显微镜的使用

一、实验目的

1. 了解微分干涉差显微镜的结构、基本原理、维护和保养方法。
2. 掌握微分干涉差显微镜的正确使用方法。

二、实验原理

微分干涉差显微镜（differential interference contrast microscope，DIC 显微镜）又称为 Nomarski 相差显微镜（Nomarski contrast microscope），其优点是能显示结构的三维立体投影影像。与相差显微镜相比，其标本可略厚一点，折射率差别更大，故影像的立体感更强。DIC 显微镜使细胞的结构，特别是一些较大的细胞器，如核、线粒体等，立体感特别强，适合于显微操作。目前像基因注入、核移植、转基因等的显微操作常在这种显微镜下进行。

微分干涉差显微镜（图 3-10）包含两块正交的偏光镜：一块靠近光源，称为起偏镜；另一块靠近目镜，称为检偏镜。在起偏镜和聚光镜之间放置第一块石英 Wollaston 棱镜（渥氏棱镜），即 DIC 棱镜；在物镜和检偏镜之间放置第二块 Wollaston 棱镜，即 DIC 滑行器。其基本原理是：来自光源的自然光经过起偏镜后成为偏振光，以 45°方位角（入射光偏振方向与晶体光轴之间的夹角）垂直入射到第一块 DIC 棱镜，这时入射偏光分解为振动方向互相垂直、传播方向一致的两束光，穿过 DIC 棱镜的中心点后，由于晶体光轴方向的改变，两束光从中心点散发开一个很小的角度，经过聚光镜后产生出间隔只有 $1\mu m$ 甚至更短些的平行光，穿过样品的两个点。由于光线通过标本的两个点的光程长度不同，两束光线的相位都发生了变化，带有标本两个邻近点的相位差信息的这两束线偏振光通过物镜后，会聚在 DIC 滑行器的中心点，组合在一起的这两束线偏振光相位差不同，偏振方向互相垂直，不能直接干涉成像。当它们通过检偏镜后成为振动面相同、频率相同且具有一定相位差的相干光

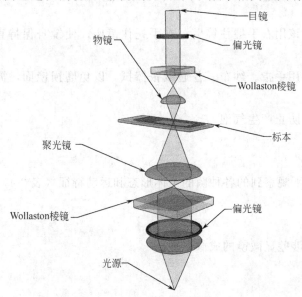

图 3-10 DIC 显微镜光路图

目镜
偏光镜
物镜
Wollaston棱镜
标本
聚光镜
Wollaston棱镜
偏光镜
光源

束，因而在中间像平面上形成干涉的物像。为了使影像的反差达到最佳状态，可通过调节 DIC 滑行器的纵行微调来改变光程差，从而改变影像的亮度。调节该棱镜可使标本的细微结构呈现出正或负的投影形象，通常是一侧亮，另一侧暗，这便造成了标本的人为三维立体感，类似大理石上的浮雕。

微分干涉差显微镜适于研究活细胞中较大的细胞器，如果接上录像装置可以记录活细胞中的颗粒以及细胞器的运动。但该显微镜不适合观察原核微生物。

三、实验器材

微分干涉差显微镜、擦镜纸、无水乙醇、香柏油、微生物悬液（酿酒酵母 *Saccharomyces cerevisiae*）、载玻片、盖玻片、接种环。

四、实验内容

1. 制作微生物标本片

① 用接种环取微生物悬液少许，涂抹在洁净的载玻片中央，注意无菌操作。

② 用镊子夹起洁净的盖玻片，将它的一边先接触载玻片上的液体，然后，轻轻地盖在液滴上。

2. 用微分干涉差显微镜观察各种微生物

① 将 10× 微分干涉差物镜旋入光路，并调入相应的 Wollaston 棱镜。调焦距和起偏镜使其与检偏镜正交，产生最好的图像，观察细胞的结构。

② 将 50× 微分干涉差物镜旋入光路，并调入相应的 Wollaston 棱镜。调焦距和起偏镜使其与检偏镜正交，产生最好的图像，观察细胞结构。

③ 将 100× 微分干涉差物镜旋入光路，并调入相应的 Wollaston 棱镜。调焦距和起偏镜使其与检偏镜正交，产生最好的图像，观察细胞结构并绘制图片。

五、注意事项

1. 取显微镜时应该用右手握住镜臂，左手托住镜座，使镜身保持直立。切忌单手拎提显微镜。

2. 所有镜面切忌用手指、纱布、普通纸张擦拭，以免磨损镜面，需要时只能用擦镜纸擦拭。

3. 标本制备时，防止产生气泡。

六、实验记录

记录 100 倍物镜下观察到的各种菌的个体形态和运动特征（表 3-4）。

七、预习思考题

简要描述微分干涉差显微镜的成像原理。

八、思考题

如果所使用的载玻片是回收使用的，且未清洗干净，对本实验的观察会造成什么影响？

应用微生物学实验

表 3-4　微生物个体形态和运动特征

菌名：	菌名：	菌名：
显微镜放大倍数：	显微镜放大倍数：	显微镜放大倍数：
个体形态和运动情况描述	个体形态和运动情况描述	个体形态和运动情况描述
个体形态图	个体形态图	个体形态图

实验五　荧光显微镜的使用

一、实验目的

1. 了解荧光显微镜的结构、基本原理、维护和保养方法。
2. 掌握荧光显微镜的正确使用方法。

二、实验原理

某些特定物质受到一特定波长的光的照射，会发出另一波长的光，这种现象就是荧光现象。荧光显微镜是利用一个高发光效率的点光源，经过滤色系统发出一定波长的光（常见的有紫外线 365nm 或紫蓝光 420nm）作为激发光，激发标本内的荧光物质发射出各种不同颜色的可见光（在这里，也就是指荧光）后，再通过物镜和目镜的放大进行观察。这样在强烈的衬托背景下，即使荧光很微弱也易辨认，敏感性高，主要用于细胞结构和功能以及化学成分等的研究。

荧光显微镜的基本构造是由普通光学显微镜加上一些附件（包括荧光光源、激发滤片、阻断滤片等）的基础上组成的。荧光光源一般采用超高压汞灯（50～200W），可发出各种波长的光，但每种荧光物质都有一个产生最强荧光的激发光波长，所以需加用激发滤片（一般有紫外、紫色、蓝色和绿色激发滤片），仅使一定波长的激发光透过照射到标本上，而将其他光都吸收掉。每种物质被激发光照射后，在极短时间内发射出较照射波长更长的可见荧光。荧光具有专一性，一般都比激发光弱，为能观察到专一的荧光，在物镜后面需加阻断（或压制）滤光片。它的作用有二：一是吸收和阻挡激发光进入目镜，以免干扰荧光和损伤眼睛；二是选择并让特异的荧光透过，表现出专一的荧光色彩。两种滤光片必须选择配合使用。荧光显微镜中，许多透镜用石英或其他能透过紫外线的玻璃构成，用于使紫外线通过；在载物台下的反射镜面是涂铝的三棱镜或为石英三棱镜；而且其聚光器的数值孔径大于物镜。

荧光显微镜就其光路来分有两种：透射式和落射式荧光显微镜。在透射式荧光显微镜中，激发光源是通过聚光镜穿过标本材料来激发荧光的。常用暗视野集光器，也可用普通集光器，调节反光镜使激发光转射和旁射到标本上。这种荧光显微镜的优点是低倍镜时荧光强，而缺点是随放大倍数增加其荧光减弱。所以对观察较大的标本材料较好。落射式荧光显微镜是相对较透射式更为新式的荧光显微镜（图 3-11），激发光从物镜向下落射到标本表面，即用同一物镜作为照明聚光器和收集荧光的物镜。光路中需加上一个二向色分光镜，它与光轴呈 45°角，激发光被反射并聚集在样品上，样品所产生的荧光以及由物镜透镜表面、盖玻片表面反射的激发光同时进入物镜，返回到二向色分光镜，使激发光和荧光分开，残余激发光再被阻断滤片吸收。如换用不同的激发滤片/二向色分光镜/阻断滤片的组合插块，可满足不同荧光反应产物的需要。这种荧光显微镜的优点是视野照明均匀，成像清晰，放大倍数愈大荧光愈强。荧光显微镜技术常用来检测可与荧光染料共价结合的特殊蛋白质或其他分子。由于灵敏度高，用极低浓度（10^{-6}级）荧光染料就可清楚地显示细胞内特定成分，可进行固定切片或活体染色观察。因此，可以用来观察活细胞内物质的吸收和运输、化学物质的分布和定位等。如采用免疫荧光显微技术，可将荧光素标记抗体，利用抗体与相应抗原（细胞表面或内部大分子等）的特异性结合，在荧光显微镜下对细胞的特异成分进行精确定

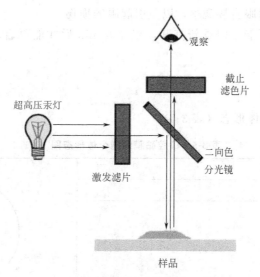

图 3-11　落射式荧光显微镜部分光路图

位研究。与分光光度计结合构成的显微分光光度计，可对细胞内物质进行定量分析，精确度极高，可测得 10^{-15} g 的 DNA。由于荧光显微技术具有染色简便、标本色彩鲜艳，敏感度高、特异性强的特点，在医学诊断学、细胞生物学等邻域已被广泛应用。

一般的生物染料不能穿透细胞膜，只有当细胞被固定后改变了细胞膜的通透性，染料才能进入细胞内。但有些活体染料能进入活细胞，并对细胞不产生毒性作用。荧光染料 HO33342 和若丹明 123 都是活体染料。HO33342 能与细胞中 DNA 进行特异的结合，若丹明 123 能与线粒体进行特异结合。采用两种荧光染料的混合染液可对一个活细胞的核和线粒体同时染色。

三、实验器材

透射式荧光显微镜、无荧光香柏油、无水乙醇、擦镜纸、无菌棉签、载玻片、盖玻片、指甲油、双荧光染液〔含 $0.25\mu g/ml$ HO33342 和 $1\mu g/ml$ 若丹明 123 的 PBS 溶液（Na_2HPO_4-KH_2PO_4，浓度 10 mmol/L）〕。

四、实验内容

① 观察前的准备：打开显微镜灯源，超高压汞灯要预热几分钟才能达到最亮点。在灯源与聚光器之间装上本次实验所要求的蓝紫光 420 nm 激发滤片，在物镜的后面装上相应的阻断滤片。用低倍镜观察，调整光源中心，使其位于整个照明光斑的中央。

② 制片：先用无菌棉签在自己口腔颊黏膜处刮取上皮细胞涂于干净载玻片上，再滴加 1~2 滴双荧光染液于细胞上，然后加上盖玻片，用指甲油把盖玻片边缘封好。

③ 观察：放置标本片，低倍镜下调焦后即可观察。在低倍镜下找到合适的目的细胞，移至视野中心。再在盖玻片上滴加香柏油，换成油镜观察。注意找出细胞核及线粒体。

④ 观察后的处理：参照普通光学显微镜的要求，妥善清洁镜头，"八"字形放置物镜。

五、注意事项

1. 制片时注意防止产生气泡。

2. 未装滤光片不要用眼直接观察，以免引起眼的损伤。

3. 高压汞灯关闭后不能立即重新打开，需经 5 min 后才能再启动，否则会不稳定，且影响汞灯寿命。

六、实验记录

记录口腔黏膜细胞个体形态（表 3-5）。

表 3-5　口腔黏膜细胞个体形态图

样品名称：		个体形态图
显微镜放大倍数：		
个体形态描述：		

七、预习思考题

1. 荧光显微镜的两种滤光片各起什么作用？
2. 简述荧光显微镜的工作原理及应用范围。

八、思考题

影响荧光显微镜成像质量的因素有哪些？

实验六　微生物大小测定

一、实验目的

1. 了解目镜测微尺和镜台测微尺的构造。
2. 掌握测量微生物大小的方法。

二、实验原理

微生物大小是其分类鉴定的重要依据之一。由于微生物的个体大小是微米级的，因此需用显微测微尺在显微镜下进行测量。

显微测微尺（图 3-12）包含目镜测微尺和镜台测微尺两部分。目镜测微尺是中央刻有等分刻度的圆形玻璃片，一般其等分刻度是将 5mm 长度分成 50 或 100 小格，测量时目镜测微尺放入目镜内的隔板上。由于它只经目镜放大，而微生物是经物镜和目镜二级放大，因此测量时目镜测微尺实际代表的长度随目镜和物镜的放大倍数而改变，因此测量前需要用镜台测微尺标定。

镜台测微尺的外形与载玻片相同，是一个长方形的玻璃片，中央刻有精确等分刻度线，一般将 1mm 等分成 100 小格，每一小格长度代表 0.01mm，用于标定目镜测微尺在一定放大倍数下的实际长度。

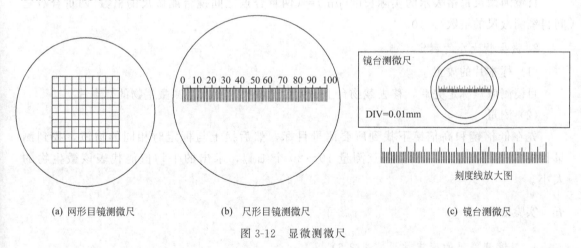

(a) 网形目镜测微尺　　　(b) 尺形目镜测微尺　　　(c) 镜台测微尺

图 3-12　显微测微尺

镜台测微尺是放在载物台上的，由于和微生物标本片放置的位置相同，均经过物镜和目镜的两级放大，因此镜台测微尺上得到的读数和微生物真实大小一样，所以用已知长度的镜台测微尺来标定目镜测微尺，用在一定放大倍数下标定好的目镜测微尺，就能测量微生物的大小。

三、实验器材

① 标本片：酿酒酵母（*Saccharomyces cerevisiae*），枯草芽孢杆菌（*Bacillus subtilis*）。
② 仪器和其他材料：显微镜，目镜测微尺，镜台测微尺，擦镜纸，香柏油，无水乙醇。

四、实验步骤

1. 目镜测微尺的标定

（1）目镜测微尺的放置

取下目镜，旋下目镜上的透镜盖，将目镜测微尺刻度朝上放入目镜内。

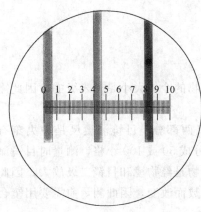

图3-13　显微镜下镜台测微尺
和目镜测微尺重合

（2）镜台测微尺的放置

将镜台测微尺刻度朝上放在载物台上夹在十字移动器上。

（3）目镜测微尺的标定

用低倍镜观察，在视野中看清镜台测微尺的刻度后，转动目镜，使目镜测微尺的刻度与镜台测微尺的刻度平行，移动十字移动器，使两测微尺左边的某一刻度线重合（图3-13），然后向右寻找两尺另一个重合的刻度线，分别数出并记录两重合点之间两尺各自的格数。以同样方法能在不同物镜下对目镜测微尺进行标定。微生物细胞一般在油镜下才能看清，因此目镜测微尺的标定在油镜下进行。

（4）计算

目镜测微尺每格表示的实际长度(μm)＝（两重合点之间镜台测微尺的格数/两重合点之间目镜测微尺的格数）×10

2. 微生物大小的测定

（1）标本片的放置

目镜测微尺标定完后，移去载物台上的镜台测微尺，换上待测微生物的标本片。

（2）测量

先在低倍镜和高倍镜下找到所要测量目标，然后换上与标定时相同的物镜，找到测量目标，进行测量。一般应任意测量10～20个细胞，求出的平均值能代表该微生物的大小。

五、实验记录

1. 目镜测微尺的标定结果（表3-6）

表3-6　目镜测微尺的标定结果

物镜	显微镜总放大倍数	目镜测微尺格数	镜台测微尺格数	目镜测微尺每格的长度/μm
低倍镜				
高倍镜				
油镜				

2. 微生物大小测定结果

（1）枯草芽孢杆菌测定结果（表3-7）

表 3-7 枯草芽孢杆菌大小测定结果

显微镜放大倍数：

编号	长/μm		直径/μm	
	目镜测微尺格数	菌体长度	目镜测微尺格数	菌体直径
1				
2				
3				
4				
5				
6				
7				
8				
9				
10				
平均				

（2）酿酒酵母测定结果（表 3-8）

表 3-8 酿酒酵母大小测定结果

显微镜放大倍数：

编号	长轴/μm		短轴/μm	
	目镜测微尺格数	菌体长度	目镜测微尺格数	菌体长度
1				
2				
3				
4				
5				
6				
7				
8				
9				
10				
平均				

六、实验注意事项

1. 香柏油从瓶中取出时，不要搅动，滴上载玻片后也不要涂抹，以免形成气泡，影响观察。

2. 香柏油不宜过多，只需一小滴。

3. 使用油镜时尽量将聚光器向上，光阑放大。

4. 测量时用哪一组放大倍数的镜头观察标本，在标定目镜测微尺时也要用相同一组放大倍数的镜头。

5. 实验完毕后，不要忘记取出目镜测微尺，并将镜台测微尺以及显微镜的油镜擦镜纸擦拭干净后，器材放回相应的地方。

七、预习思考题

1. 测量微生物的大小有何意义？
2. 不同形态微生物的大小如何表征？
3. 微生物大小的测量结果受哪些因素影响？

八、思考题

1. 测量时用哪一组放大倍数的镜头观察标本，在标定目镜测微尺时也要用相同一组放大倍数的镜头，为什么？
2. 为什么要测量 10～20 个菌体取平均值才能代表菌体的大小？
3. 用什么时期的菌体能够反映该菌体的特征大小？
4. 测量微生物菌体大小还能用什么方法？

实验七　微生物的形态观察

一、实验目的

1. 通过观察认识细菌的基本形态、细菌的特殊结构和群体形态。
2. 通过观察认识放线菌的基本形态、孢子丝的形态和群体形态。
3. 通过观察认识真菌的基本形态、特化结构和群体形态。
4. 巩固光学显微镜的使用方法，重点掌握油镜的使用方法。

二、实验原理

微生物种类繁多，不同的微生物其个体形态和群体形态是不同的。因此微生物的形态是其分类鉴定的依据之一。

最常见的细菌个体形态分为三类，分别为球菌、杆菌和螺旋菌，放线菌和霉菌的个体形态都为丝状菌，酵母菌的个体形态为卵圆形。

放线菌根据其孢子丝的不同分为螺旋和直型等，根据分化的情况分为丛生和轮生等。

霉菌的特化型菌丝有青霉菌的青霉穗，曲霉的足细胞和根霉的假根等。

一个细胞在固体培养基上繁殖集聚成肉眼可见的集落称为菌落。各种微生物在一定培养条件下形成的菌落具有一定的特征，包括菌落的大小、形状、光泽、颜色、气味、与培养基结合的牢固度等。

一般而言细菌的菌落较小，表面光滑或粗糙，湿润或干燥，具有臭味，与培养基结合不牢固（易被挑起）。放线菌的菌落大小与细菌菌落大小相似，表面大多呈干燥粉状，具有土腥味，与培养基结合牢固（不易被挑起）。有些放线菌的基内菌丝能产水溶性或脂溶性色素（图 3-14）。

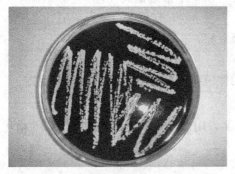
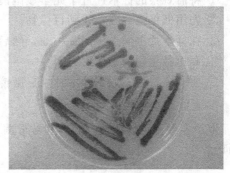

(a) 水溶性色素　　　　　　　　　　　　　(b) 脂溶性色素

图 3-14　放线菌的基内菌丝产生的色素

霉菌的菌落比细菌和放线菌的菌落大几倍至几十倍，菌落疏松呈绒毛状或絮状，具有霉味，与培养基结合牢固（不易被挑起）。

酵母菌的菌落形态与细菌相似，但比细菌菌落大且厚，表面光滑、湿润、黏稠，与培养基结合不牢固（易被挑起）。常见酵母菌大多为乳白色，酿酒酵母具有酒香味。

三、实验器材

1. 微生物基本形态标本片

① 细菌：四联球菌（*Tetraggenococcus* sp.）、藤黄八叠球菌（*Sarcina lutea*）、金黄色葡萄球菌（*Staphylococcus aureus*）、大肠杆菌（*Escherichia coli*）、枯草芽孢杆菌（*Bacillus subtilis*）、逗号弧菌（*Vibrio comma*）。

② 放线菌：林可链霉菌（*Streptomyces lincolnensis*）。

③ 霉菌：青霉菌（*Penicillium* sp.）、根霉（*Rhizopus* sp.）、曲霉（*Aspergillus* sp.）、毛霉（*Mucor* sp.）。

④ 酵母：酿酒酵母（*Saccharomyces cerevisiae*）。

2. 微生物特殊结构标本片

① 杀螟杆菌（*Bacillus cereus*）不同生长阶段标本片：用于观察芽孢的形成。

② 圆褐固氮菌（*Azotobacter chroococcum*）：用于观察荚膜。

③ 链霉菌（*Streptomyces* sp.）孢子丝：用于观察不同链霉菌孢子丝的形态。

④ 青霉、曲霉、根霉、毛霉特化菌丝：用于观察霉菌菌丝的不同特化形态。

3. 微生物菌落平板

大肠杆菌、四联球菌、枯草芽孢杆菌、林可链霉菌、青霉菌、曲霉、毛霉、根霉、酿酒酵母、噬菌斑。

4. 仪器和其他材料

显微镜，擦镜纸，香柏油，无水乙醇。

四、实验步骤

1. 微生物个体形态的观察

① 将需观察的标本片置于光学显微镜载物台上，用十字推进器夹住。

② 先用低倍镜观察，找到目标物。

③ 在标本片上滴上 1 滴香柏油，然后换成油镜观察。

④ 画出微生物的个体形态图。

⑤ 实验完毕后，取下标本片，显微镜的油镜用擦镜纸擦拭干净后，放回指定地方。

2. 微生物群体形态的观察

取培养细菌、放线菌、霉菌和酵母菌等的培养皿，用肉眼观察它们的菌落形态并描述其特征。

五、注意事项

1. 标本片要正面朝上放置。

2. 香柏油从瓶中取出时，不要搅动，滴上载玻片后也不要涂抹，以免形成气泡，影响观察。

3. 香柏油不宜过多，只需一小滴。

4. 使用油镜时尽量将聚光器向上，光阑放大。

5. 注意不同物镜的工作环境，低倍镜和高倍镜不能浸入香柏油中，而油镜在观察时一

应用微生物学实验

定要浸入香柏油中。

6. 实验完毕后，显微镜的油镜用擦镜纸擦拭干净后，放回相应的地方。

六、实验记录

1. 描绘微生物个体形态图（表 3-9）

表 3-9　微生物个体形态图

菌名：	菌名：	菌名：
显微镜放大倍数：	显微镜放大倍数：	显微镜放大倍数：
个体形态描述	个体形态描述	个体形态描述
个体形态图	个体形态图	个体形态图

2. 微生物群体形态描述（表 3-10）

表 3-10　微生物群体形态描述

	菌落大小	菌落颜色	菌落形状	菌落边缘情况	菌落隆起情况	菌落透明情况
微生物名称						
	黏稠度	是否有光泽	干燥与粗糙程度	与培养基结合的牢固度	气味	其他

七、预习思考题

列表比较细菌、酵母菌、放线菌和霉菌的个体形态和群体形态的异同点。

八、思考题

1. 为什么使用油镜观察时，油镜一定要浸入香柏油中？

2. 使用油镜时该如何调节聚光器和光阑？

3. 如果标本片放反，分别用低倍镜、高倍镜和油镜观察，会出现怎样的结果？为什么？

实验八　微生物染色技术

一、实验目的

1. 学习并掌握微生物涂片和染色的操作技术。
2. 学习并掌握微生物简单染色和特殊染色的原理和方法。

二、实验原理

染色是一项微生物学基本技术。由于微生物细胞体积小，且含有大量水分，因此其对光线的吸收和反射与水溶液无明显差别，在用普通光学显微镜观察时，往往与周围背景没有明显的明暗差，这样就不能较清晰地观察到细胞的形态。采用微生物染色技术，使细胞和周围背景之间明暗度产生明显的差异，就能解决这一问题。因此，微生物染色技术是观察微生物形态结构的重要手段。

染料按其电离后染料离子所带电荷的性质，主要分为酸性染料、碱性染料和中性（复合）染料。

酸性染料（如伊红、刚果红、藻红、苯胺黑、苦味酸和酸性复红等）电离产生的染料离子带负电，可与碱性物质结合成盐。

碱性染料（如美蓝、甲基紫、结晶紫、碱性复红、中性红、孔雀绿和蕃红等）电离产生的染料离子带正电，可与酸性物质结合成盐。

中性（复合）染料是酸性染料与碱性染料的结合物。

细菌等电点在 pH2～5 之间，故在中性、碱性或偏酸性（pH＝6～7）的溶液中带负电荷，容易与带正电荷的碱性染料结合，所以用碱性染料染色的为多。

除观察细菌形态的简单染色外，还有一些鉴别染色法和特殊染色法。

革兰氏染色法是细菌重要的鉴别染色法。经该法染色后可将细菌区分为两大类，即染色反应呈蓝紫色的称为革兰氏阳性细菌，用 G^+ 表示；染色反应呈红色（复染颜色）的称为革兰氏阴性细菌，用 G^- 表示。

抗酸性染色法也是一种重要的鉴别染色法，主要用于鉴别分枝杆菌属。属于分枝杆菌属的细菌含有分枝菌酸，在加热条件下完整细胞中的分枝菌酸能与石炭酸和复红所形成的复合物牢固地结合，并能抵抗酸性酒精的脱色，故被染成红色。而非抗酸性细菌因不含有分枝菌酸，故易脱色，并被复染剂染成蓝色。

芽孢染色法是利用芽孢和营养体对染料亲和力不同而使芽孢和营养体染上不同颜色，从而更明显衬托出芽孢，便于观察。芽孢具有厚而致密的壁，透性低，不易着色，用一般染色法只能使菌体着色而芽孢不着色（芽孢呈透明）。芽孢染色法就是根据芽孢既难以染色而一旦染上后又难以脱色的特点而设计的。除了用着色力强的染料外，还需要加热，以促进芽孢着色。

荚膜染色法：荚膜是某些细菌细胞壁外面围着的一层较厚而固定的黏性物质，其与染料间的亲和力弱，不易着色，因此通常采用负染色法，即使菌体和背景着色，而使不易着色的荚膜形成一透明区域，便于观察。由于荚膜的含水量在 90% 以上，故染色时一般不用热固定，以免荚膜皱缩变形。

鞭毛染色法：细菌鞭毛极细，直径一般为 10~20nm，一般的光学显微镜无法观察，要使用放大倍数更高的电镜才能看到。如采用特殊染色法，即在染色前先经媒染剂处理，让其堆积在鞭毛上，使鞭毛加粗，则在普通光学显微镜下也能看到它。

三、实验器材

1. 菌种

大肠杆菌（*Escherichia coli*），四联球菌（*Tetraggenococcus* sp.），草分枝杆菌（*Mycobacterium phlei*），枯草芽孢杆菌（*Bacillus substilis*），圆褐固氮菌（*Azotobacter chroococcum*），普通变形杆菌（*Proteus vulgaris*）。

2. 染色液

结晶紫染色液，齐氏石炭酸复红，革兰氏染色液，芽孢染色液，荚膜染色液，鞭毛染色液，抗酸性染色液（详见附录Ⅰ）。

3. 仪器和其他材料

显微镜，载玻片，擦镜纸，香柏油，无水乙醇，接种环，酒精灯。

四、实验步骤

1. 简单染色

（1）涂片

在干净的载玻片上滴一滴蒸馏水，用接种环进行无菌操作，挑取培养物少许，置载玻片的水滴中，与水混合做成悬液并涂成直径约 1cm 的薄层。若材料为液体培养物则可直接涂布于载玻片上。

（2）干燥

涂片可在室温下自然干燥，有时为了使涂片干得更快些，可将涂片的标本面向上，手持载玻片一端的两侧，小心地在火焰高处微微加热，使水分蒸发（以载玻片背面触及皮肤，不觉过烫为宜）。

（3）固定

手执载玻片的一端，有菌膜的一面向上，于火焰中来回通过 3~4 次，以载玻片背面触及皮肤，不觉过烫为宜（不超过 60℃），放置待载玻片冷却后，进行染色。

（4）染色

将载玻片放平，在其上滴加适量（以盖满菌膜为度）结晶紫染色液。染色时间约 1min。

（5）水洗

染色时间到后，用细小的水流从载玻片的正面（注意水流不要直接对着涂有菌的地方）把多余的染料冲洗掉，直至流下的水无色为止。

（6）干燥

将载玻片晾干，或用吸水纸把多余的水吸去，然后晾干或微热烘干。

（7）镜检

用显微镜观察干燥后的标本片并绘出其形态图。

2. 革兰氏染色

（1）涂片、干燥、固定

见简单染色。

（2）染色

① 初染：将涂好的标本片水平放置，在菌膜上滴加结晶紫染色液，染色约 1min。倾去染色液，用自来水细流冲洗至洗出液中无紫色。

② 媒染：先用新配制的路哥尔碘液冲去标本片上的残水，再用路哥尔碘液覆盖菌膜媒染约 1min，用自来水细流冲洗。

③ 脱色：除去残余水后，滴加 95％乙醇进行脱色约 20s，用自来水细流冲洗。

④ 复染：滴加沙黄复染液染色约 30s，用自来水细流冲洗。

（3）干燥、镜检

见简单染色。

3. 抗酸性染色

（1）菌悬液的制备

用接种环挑取些许草分枝杆菌的菌苔，放入装有约 1.5ml 生理盐水试管中，制成菌悬液。将试管置于 80℃水浴加热 1h，待冷却后，再置于 80℃水浴加热 1h，如此重复 3 次，以杀死菌体。将菌悬液摇匀，备用。

（2）涂片、干燥、固定

见简单染色。

（3）染色

① 初染：将涂好的标本片水平放置，在菌膜上滴加石炭酸复红染色液，在微火上加热至有蒸汽出现，注意不能使染料沸腾或烧干，因此需不断补充染液，加热 8～10min，倾去染色液。

② 脱色：用 3％盐酸乙醇液脱色，至乙醇液呈淡红色或无色。

③ 复染：加美兰染液染色，染色约 1min，用自来水细流冲洗。

（4）干燥、镜检

见简单染色。

4. 芽孢染色法（1）

（1）涂片、干燥、固定

见简单染色。

（2）染色

将涂好的标本片水平放置，在菌膜上滴加 5％孔雀绿染色液，在微火上加热至有蒸汽出现，注意不能使染料沸腾或烧干，因此需不断补充染液，加热 5～8min，弃染液。

（3）水洗

冷却后用细小的水流从载玻片的正面把多余的染料冲洗掉，直至流下的水无色。

（4）复染

在菌膜处滴加石炭酸复红染色液，复染约 30s，染色时间到后，用细小的水流从载玻片的正面把多余的染料冲洗掉，直至流下的水无色。

（5）干燥、镜检

见简单染色。

5. 芽孢染色法（2）

（1）制备菌液

加 1～2 滴生理盐水于小试管中，用接种环从斜面上挑取 2～3 环的菌苔于试管中并充分打匀，制成浓稠的菌液。

（2）加染色液

加 5％孔雀绿染色液 2～3 滴于小试管中，用接种环搅拌使染料与菌液充分混合。

（3）加热

将此试管浸于沸水浴（烧杯）中，加热 15～20min。

（4）涂片

用接种环从试管底部挑取数环菌液于洁净的玻片上，并涂成薄膜。

（5）固定

将涂片通过微火 3 次。

（6）脱色

用水洗，直至流出的水中无孔雀绿颜色为止。

（7）复染

加沙黄复染液，染 2～3min，倾去染色液，不用水洗，直接用吸水纸吸干。

（8）镜检

用油镜观察。

6. 荚膜染色法

主要有三种染色方法。其中湿墨汁法最为方便，适用于各种有荚膜的细菌，如果使用相差显微镜检查则效果会更好。

（1）湿墨汁法

在载玻片中央滴加一滴黑色素水溶液，另外用接种环挑取些许圆褐固氮菌菌体与载玻片上的黑色素水溶液充分混合；然后在其上放置一清洁盖玻片，再在盖玻片上放一张滤纸，向下轻压，吸去多余菌液；用油镜观察。

（2）干墨汁法

① 涂片：在载玻片一端滴加一滴 6％葡萄糖液，另外用接种环挑取些许圆褐固氮菌菌体与葡萄糖液充分混合后，再加一环黑色素水溶液，混匀。左手拿载玻片，右手拿另一载玻片（推片），将推片一端边缘放在菌液前方，然后稍稍向后拉至刚与菌液接触，再轻轻地左右移动，使菌液沿推片接触后缘散开，然后以 30°角度迅速而均匀地将菌液推向玻片另一端，使菌液涂成一薄层。

② 干燥：空气中自然干燥。

③ 固定：在菌膜处加甲醇，固定约 1min，时间到后立即倾去甲醇，并在空气中自然干燥。

④ 染色：用结晶紫染色液染 1～2min。

⑤ 水洗：用细小的水流从载玻片的背面把多余的染料冲洗掉，在空气中自然干燥。

⑥ 镜检：油镜观察荚膜情况。

（3）Tyler 法

① 涂片、干燥：见"简单染色"，但需自然干燥。

② 染色：用结晶紫冰醋酸染色液染色 5～7min。

③ 洗涤：用 20％ $CuSO_4$ 水溶液冲洗结晶紫冰醋酸染色液 2 遍，用吸水纸吸干或自然干燥。

④ 镜检：用油镜观察。

7. 鞭毛染色法

（1）硝酸银染色法

① 载玻片的准备：取新载玻片放入 2％盐酸溶液中浸泡数小时后取出，先用自来水冲洗，再用蒸馏水冲洗，自然干燥后备用。

② 菌液的准备：将变形杆菌预先连续传接 3～5 代，最后一代培养 15～18h。用接种环挑取斜面底部的菌苔数环，轻轻地移入盛有 1ml 与菌种培养温度相同的无菌水（不要振动，让有活动能力的菌游入水中），呈轻度混浊。在最适温度下放置 10min，让运动能力差的菌体下沉，而运动能力好的幼龄菌体在无菌水中使其鞭毛松开。

③ 涂片：从试管上端挑取数环菌液，置于洁净载玻片的一端，稍许倾斜载玻片，使菌液缓慢地流向另一端。

④ 干燥：空气中自然干燥。

⑤ 染色：滴加鞭毛染色液 A 液，染色 4～6min 后，用蒸馏水轻轻冲去染色液。然后用鞭毛染色液 B 液冲去残留的水，再在载玻片上加鞭毛染色液 B 液，在微火上加热至冒蒸汽，维持 0.5～1min（加热时应随时补充蒸发掉的染料，不可使载玻片上染料蒸干）。时间到后，立即水洗，并自然干燥。

⑥ 镜检：用油镜观察。

（2）Bailey 染色法

① 载玻片的准备、菌液的准备、涂片、干燥同硝酸银染色法。

② 染色：滴加 Bailey 染色液 A 液，染色 5～7min 后倾去 A 液，然后加 Bailey 染色液 B 液染色 7～10min，用蒸馏水轻轻冲去染色液。再滴加齐氏石炭酸复红染色液，染色 2～3min，用蒸馏水轻轻冲净染色液，自然干燥。

③ 镜检：用油镜观察。

五、注意事项

1. 涂片要薄，不易过厚，以免影响观察。

2. 热固定时要注意温度，用载玻片背面接触皮肤以无烫感为宜。

3. 革兰氏染色时，脱色是关键步骤，要严格控制脱色时间，否则会影响染色结果。

4. 染色时，所有需要加热的步骤，要注意添加染色液，以免染色液干涸。

5. 荚膜、鞭毛染色时不能加热过猛，以免荚膜收缩、鞭毛脱落。

6. 用湿墨汁法对荚膜进行染色，在加盖玻片时，不可有气泡，否则会影响观察；用干墨汁法对荚膜进行染色时，在干燥处理过程中，玻片要放在离火焰较高处，不可使玻片发热；在采用 Tyler 法染色时，标本经染色后，不可用水洗。

7. 鞭毛非常纤细且易脱落，操作过程动作要轻。

六、实验记录

染色结果见表 3-11。

表 3-11　染色结果

菌种				
染色方法				
菌体形态图	◯	◯	◯	◯
菌体形态				
菌体颜色				
特殊结构情况				
结论				

七、预习思考题

列表比较各种微生物实验常用的染色方法，包括所使用的染料、染色原理、配制方法、适用范围等。

八、思考题

1. 为什么常用碱性染料对细菌进行染色？
2. 革兰氏染色的关键步骤是什么？
3. 芽孢染色加孔雀绿时要加热，而在鞭毛和荚膜染色时又不能加热过猛，为什么？
4. 如何判断视野中的景象是否确系标本？
5. 叙述抗酸性染色的原理。

第 四 章
微生物的培养、分离及生长

微生物要生长繁殖，需要吸收一定的营养。培养基中含有微生物生长、繁殖必需的营养物，它是人工配制的、微生物在实验室的生长环境。

一般研究微生物的生长等特性，需要获得微生物的纯培养，而自然界中的微生物都是杂居在一起的，如果将其进行一定的稀释，使它们由混杂状态到单个个体从而在固体培养基上成为一个菌落，那么这个菌落就认为是纯种了。

将微生物接种到适于生长繁殖的人工培养基或生物体内的过程就称为微生物接种技术，它是生物科学研究中最基本的操作技术。由于实验目的、培养基种类及容器等不同，接种方法也不同，如斜面接种、液体接种、半固体穿刺接种等。接种方法的不同，采用的接种工具也不同，如接种环、接种针、移液管和刮铲等。

厌氧微生物的培养除了给予适合的营养物质外，关键还必须使该类微生物处于无氧或氧化还原势低的环境中。常用的厌氧菌培养方法包括焦性没食子酸法、疱肉培养基法、厌氧罐培养法及亨盖特培养法等。

微生物接种、培养，还有一个关键环节，即无菌操作。无菌操作有问题，实验结果就不可靠。在发酵工业中如无菌操作不严格会造成染菌，给生产带来危害，影响经济效益，所以我们应牢固树立"无菌操作"的概念。

应用微生物学实验

实验九　培养基的配制和高压蒸汽灭菌

一、实验目的

1. 了解微生物的营养需求。
2. 学习并掌握培养基配制的方法。
3. 学习并掌握高压蒸汽灭菌原理和培养基的灭菌方法。

二、实验原理

培养基是由人工配制的、微生物在实验室的生长环境。在合适的营养物组成的培养基上，微生物吸收培养基中的水分和营养物质，从中获得能量并合成组成细胞所需的物质和代谢产物。

微生物的种类繁多，不同营养类型的微生物对营养物质的要求也不同，必须根据微生物对营养的要求以及研究的目的配制合适的培养基。

除了营养物质以外，培养基的 pH 也是一个很重要的因素。因为 pH 会影响到培养基中营养物质的离子化程度，还会影响到微生物代谢过程中各种酶的活性。因此配制培养基时一定要了解微生物对环境 pH 的要求。

为防止配制好的培养基中微生物的生长，配制好的培养基必须立即灭菌。对于培养基的灭菌，一般采用湿热灭菌即高压蒸汽灭菌。高压蒸汽灭菌是利用高温引起菌体蛋白质凝固变性而达到灭菌效果的。

三、实验器材

1. 培养基成分

牛肉膏，蛋白胨，氯化钠，琼脂。

2. 试剂

1mol/L NaOH 溶液，1mol/L HCl 溶液。

3. 玻璃器皿

三角烧瓶，烧杯，量筒，试管，漏斗。

4. 其他材料

pH 试纸，搅棒，纱布，电子秤，药匙，棉塞，牛皮纸，棉线，记号笔等。

四、实验步骤

培养基的配制步骤如下。

1. 称量

根据牛肉膏蛋白胨培养基配方（详见附录Ⅱ）和配制培养基的量计算出各种成分所需用量，选用精度合适的台秤准确称取各种成分。

2. 溶解

一般情况下，几种培养基成分可一起倒入烧杯内，然后加入少于所需要的水量，加热溶解。加热溶解时要不断搅拌，待各成分完全溶解后，补足水分至所需配制的体积。如有磷酸盐和钙镁盐等混合在一起时易产生沉淀，则要分别溶解，或将盐配成母液，另外配制有淀粉的培养基，应先将淀粉糊化。

3. 调节 pH 值

培养基配好后，先用 pH 试纸或 pH 计测出其原始 pH 值，然后用 1mol/L NaOH 溶液或 1mol/L HCl 溶液调节至需要的 pH。

4. 分装

① 斜面培养基分装：量取所需体积的液体培养基倒入烧杯中，加入 1.5～2.0g/100ml 琼脂，搅拌均匀并加热使其完全溶化，最后用热水补足因蒸发而损失的水分（注意在加热溶化琼脂的过程中要不断搅拌，以防琼脂沉淀而烧焦）。趁热分装于 15mm×150mm 试管中，每支试管加量 2～3ml。

② 半固体培养基分装：除了琼脂加量为 0.5～1.0g/100ml，其他同斜面培养基分装。趁热在 15mm×150mm 试管中加入 4ml 培养基。

③ 液体培养基的分装：直接将配制好的培养基分装于 15mm×150mm 试管或 250ml 三角瓶中。15mm×150mm 试管装 3～4ml，250ml 三角瓶装 25～100ml。

④ 固体培养基三角瓶的分装：直接在三角瓶中按 1.5～2.0g/100ml 加入琼脂，然后加入一定体积的液体培养基。一般 250ml 三角瓶装 100ml 培养基。注意琼脂不必加热溶化，因为在灭菌时琼脂会溶化。

5. 加塞

试管口和三角瓶口塞上合适的棉塞或硅胶塞（图 4-1）。

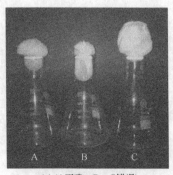
(a)(A正确，B、C错误)

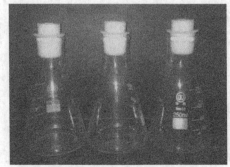
(b)硅胶塞

图 4-1　棉塞和硅胶塞

6. 包扎

① 试管包扎：5～8 支为一捆，在棉塞外包一层牛皮纸，用棉线扎好（图 4-2A）。

② 三角瓶的包扎：在棉塞外包一层牛皮纸，用棉线扎好（图 4-2B）。

7. 灭菌

将包扎好的培养基放入高压蒸汽灭菌锅内，121℃灭菌
30min。详细操作如下。

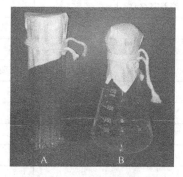

① 灭菌锅内加水：灭菌前检查灭菌锅的水位是否在刻
度范围，如水位低于要求，务必向锅内加水，使水位在要
求的刻度范围。加的水最好用去离子水。

② 放置灭菌物品：为了达到良好的灭菌效果，每次放
置物品的量要适合，培养基和物品叠放不能过于紧密。

图 4-2　试管和三角瓶的包扎

③ 盖上灭菌锅锅盖，旋紧灭菌锅的螺丝，使灭菌锅
密闭。

④ 接通电源进行加热，同时打开灭菌锅的排气阀，当水煮沸时，大量蒸汽从排气阀中
冲出，冷空气也随之排出，冷空气被排尽后关上排气阀。

⑤ 升温保压：此时灭菌锅内蒸汽压力和温度逐渐上升，当灭菌锅压力指示达到额定工
作压力时，如果灭菌锅有自动控制系统，则自动控制压力，此时开始计算灭菌时间。如果无
自动控制系统，必须仔细地控制灭菌锅的压力，保持其在整个灭菌时间内处于所需的压力，
尽可能减小波动。灭菌常用的压力为 0.11MPa，对应的温度为 121℃，灭菌时间 30min。

⑥ 降压冷却：灭菌时间到后，停止加热，让灭菌锅内的压力自然下降，当压力表指示
为"0"时，再打开排气阀，打开锅盖，取出灭菌物品。

8. 斜面的摆放

对于斜面培养基，灭菌后趁热将试管搁在长木条上（图 4-3），并调整坡度，使斜面培
养基的长度不超过试管总长的一半，待冷却凝固后备用。

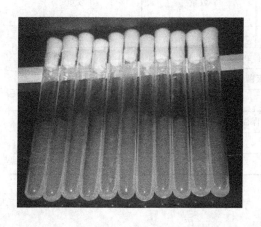

图 4-3　培养基试管斜面的摆放

五、实验记录

培养基配制和灭菌记录见表 4-1。

表 4-1 配制培养基和灭菌记录表

培养基名称		配制量/ml		配制日期	
灭菌前 pH		灭菌后 pH			

培养基成分

药品名称	含量/(g/L)	需要量/g	实际称量值/g	生产厂商	规格

培养基分装

	灭菌前				灭菌后		
	15mm×150mm 试管		250ml 三角瓶		15mm×150mm 试管	250ml 三角瓶	
液体	装量/ml	数量/支	装量/ml	数量/瓶	数量/支	数量/瓶	

	15mm×150mm 试管		15mm×150mm 试管	
半固体	装量/ml	数量/支	数量/支	

	15mm×150mm 试管		250ml 三角瓶		15mm×150mm 试管	250ml 三角瓶
固体	装量/ml	数量/支	装量/ml	数量/瓶	数量/支	数量/瓶

培养基灭菌

灭菌温度/℃		灭菌时间/min		灭菌锅压力/Pa		灭菌锅型号	

灭菌过程

开始灭菌时间	达到 121℃ 时间	保温结束时间	保温维持时间	灭菌锅打开时间	整个灭菌时间

备注:

六、实验注意事项

1. 培养基成分中的盐类,如放在一起溶解会反应产生沉淀,则要分别溶解。

2. 如培养基中含有淀粉,则淀粉需要先糊化。淀粉糊化方法:用一烧杯盛一定量的水,加热至沸腾后,慢慢倒入事先用少量冷水调匀的淀粉,混匀即可。

3. 注意培养基对 pH 的要求。

4. 加热溶化琼脂时,要不断搅拌,以免琼脂沉淀烧焦。

应用微生物学实验

5. 灭菌锅是高压容器，使用时必须按使用说明操作，以免发生事故。

6. 灭菌结束后，一定要等压力表指示为"0"才能打开锅盖。

七、预习思考题

1. 列表对比各种灭菌方式，包括原理、适用范围等。

2. 试分析下列高压蒸汽灭菌操作要点的原理：

（1）灭菌时灭菌锅内最好添加去离子水。

（2）灭菌时必须将灭菌锅中的空气排尽。

（3）灭菌一般条件为 121℃，15～30min。

八、思考题

1. 用高压蒸汽灭菌，如何达到较好的灭菌效果？

2. 在同样条件下，为什么湿热灭菌的效果比干热灭菌的效果好？

3. 高压蒸汽灭菌后，为什么锅内压力要慢慢降低？为什么压力表指示须降到"0"才能打开锅盖？

4. 配制好的培养基为什么须即刻灭菌？

实验十　微生物的接种分离和纯培养

一、实验目的

1. 学习以无菌操作的手段对微生物进行接种、分离的操作。
2. 学习斜面接种技术、液体接种技术和穿刺接种技术。
3. 学习常用的微生物分离操作，如琼脂平板划线分离法和稀释分离法。

二、实验原理

自然界中的微生物都是杂居在一起的，通过分离，使它们由混杂状态到单个个体从而在固体培养基上成为一个菌落，就可获得菌落水平的纯种。纯种分离的方法很多，其原理是将待分离的样品进行一定的稀释，并使之分散，在固体培养基上形成由一个细胞繁殖而来的菌落，再转接到适当的培养基上，一般就认为是纯种。

微生物接种技术是将微生物接到适于生长繁殖的人工培养基或生物体内的过程，是生物科学研究中最基本的操作技术。由于实验目的、培养基种类及容器等不同，接种方法也不同，如斜面接种、液体接种、半固体穿刺接种等。接种方法的不同，采用的接种工具也不同，如接种环、接种针、移液管和刮铲等。

为获得生长良好的纯种微生物，接种必须在一个无杂菌污染的环境中进行严格的无菌操作。无菌操作有问题，实验结果就不可靠。在发酵工业中如无菌操作不严格会造成染菌，给生产带来危害，所以我们应牢固树立"无菌操作"的概念。

三、实验器材

1. 菌种

四联球菌（*Tetraggenococcus* sp.），大肠杆菌（*Escherichia coli*），枯草芽孢杆菌（*Bacillus substilis*），普通变形杆菌（*Proteus vulgaris*），三种细菌（四联球菌、大肠杆菌、枯草芽孢杆菌）的混合菌液。

2. 培养基

牛肉膏蛋白胨液体培养基，牛肉膏蛋白胨固体培养基，牛肉膏蛋白胨半固体培养基。

3. 其他

酒精灯，微波炉，培养箱，接种针，接种环，培养皿，吸管，记号笔等。

四、实验步骤

1. 接种法

（1）斜面接种技术

斜面接种是从已生长好的菌种斜面上挑取少量菌种移至另一支新鲜斜面培养基上的一种接种方法。接种前需要在待接种斜面试管上用记号笔注明菌名、接种日期、接种人姓名等。用接种环将菌种移接到做好标记的试管斜面上。无菌操作过程简述如下。

① 将菌种斜面和待接种新鲜斜面夹在左手的食指、中指和无名指之间，大拇指按在两

支试管的中间（斜面向上）。用右手将棉塞旋松，以便接种时拔出。

②右手拿接种环，使其垂直于火焰中，先烧红环端，然后将有可能伸入试管的其余部分也过火灭菌。

③用右手的无名指、小指和手掌边夹住两试管的棉塞，轻轻拔出，将试管口过火后移开，但使试管口仍靠近并面向火焰。

④将接种环伸入菌种试管内，在试管壁将接种环冷却后沾取少量菌体。

⑤将接种环引入待接种的斜面，自下而上在斜面上划一直线或曲线，并"之"字形涂开。

⑥取出接种环，将试管口再次过火后塞上棉塞，灼烧用过的接种环并放回原处。

⑦将棉塞塞紧，接种好的试管斜面放入37℃恒温培养箱内培养24～48h。

（2）液体接种技术

①同上法以无菌操作挑取少许菌体引入待接种的液体培养基中，在接近液面处的试管壁上轻轻摩擦，并适当摇动，使之均匀分布在液体中。

②塞紧棉塞后，放入37℃恒温培养箱内培养24～48h。

（3）穿刺接种技术

穿刺接种是一种用接种针从菌种斜面上挑取少量菌体并穿刺到半固体培养基中的接种方法。具体方法如下。

①同上法用接种针以无菌操作挑取少许菌体穿刺于半固体培养基中间，刺至管底，再按原途退出。穿刺时要做到手稳、动作轻巧快速。

②塞紧棉塞后，放入37℃恒温培养箱内培养24～48h观察结果。如生长只限于接种直线，说明细菌不运动，如生长不限于接种直线而四周蔓延，则说明细菌能运动。

2. 微生物分离法

（1）琼脂平板划线分离法

①将牛肉膏蛋白胨琼脂培养基加热熔化后，冷却至45℃左右。

②左手持盛有上述培养基的三角瓶，在火焰附近，用右手手掌边夹取棉塞，将三角瓶转移到右手，并使瓶口过火。

③左手取一无菌培养皿，在火焰边稍稍打开皿盖，倒入熔化的上述培养基15ml左右，放在桌面上轻轻摇匀，待凝后即成平板。

④以无菌操作用接种环沾取待分离的混合菌液。

⑤左手持培养皿底并使其面向火焰，依次轻轻而迅速地一条条紧接着划线，划线距离要恰当（尽量靠近，但线与线之间不能碰到，以充分利用表面积），划过下面后切勿再回上去重复划，划线方法可参照图4-4。

⑥盖上培养皿盖，倒置于37℃恒温培养箱中培养24～48h后观察结果。

（2）稀释分离法

①取无菌生理盐水（含NaCl 0.85％）试管三支（每支装量4.5ml），用记号笔编号Ⅰ、Ⅱ、Ⅲ。

②以无菌操作取混合菌液一接种环于Ⅰ号试管中，摇匀。

③同法自Ⅰ管至Ⅱ管，自Ⅱ管至Ⅲ管。

④用1ml无菌吸管，分别从Ⅲ、Ⅱ、Ⅰ管中吸取0.2ml稀释好的菌液于三个无菌培养皿中，并相应地注明编号。

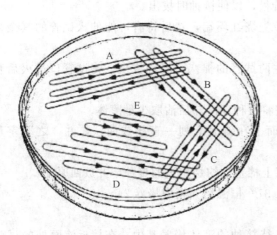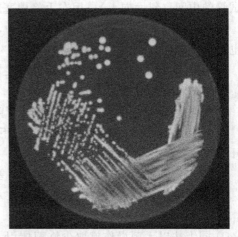

图 4-4　平板划线方法示意图及培养结果

⑤ 倒入熔化后冷却至 45℃左右的牛肉膏蛋白胨琼脂培养基 15ml 左右，轻轻摇匀，待凝后倒置于 37℃恒温培养箱中培养 24~48h 后观察结果。

五、注意事项

1. 本实验要求严格无菌操作。

2. 接种环或接种针在充分灼烧后伸入试管取菌前，一定要在试管壁上进行冷却。

3. 在稀释分离实验中，取菌前一定要把菌液充分摇匀，使得三种菌在平板上能够均匀分布。

4. 接种过菌体的金属接种针或环要进行灼烧灭菌后才能放置到桌面上，菌液或接触过菌体的其他器械必须经过高压蒸汽灭菌后才能倒入下水道或重复使用。

六、实验记录

记录接种及分离实验的结果（表 4-2）。

表 4-2　接种及分离实验结果记录表

项目	实验内容				
	固体接种	液体接种	穿刺接种	稀释分离	划线分离
所用菌株	四联球菌	大肠杆菌、四联球菌、枯草杆菌	四联球菌、变形杆菌	细菌混合菌液	细菌混合菌液
实验现象					
结果判断					

七、预习思考题

微生物的纯种分离通常采用哪些方法，并说明各自的优缺点。

八、思考题

1. 固体培养基、半固体培养基和液体培养基的用途有哪些？
2. 什么叫微生物的污染？如何防止？

实验十一 亨盖特法厌氧培养基的制备

一、实验目的

学习制备厌氧菌培养基。

二、实验原理

按照微生物与氧的关系，可把微生物分成好氧菌和厌氧菌两大类，并可细分为五类。①专性好氧菌：必须在有分子氧的条件下才能生长，有完整的呼吸链，以分子氧作为最终氢受体，细胞含超氧化物歧化酶（SOD）和过氧化氢酶。绝大多数真菌和许多细菌都是专性好氧菌。②兼性好氧菌：在有氧或无氧条件下均能生长，但有氧情况下生长得更好；在有氧时靠呼吸产能，无氧时借发酵或无氧呼吸产能；细胞含 SOD 和过氧化氢酶。许多酵母菌和许多细菌都是兼性厌氧菌。③微好氧菌：只能在较低的氧分压下才能正常生长的微生物。也通过呼吸链并以氧为最终受体而产能。④耐氧菌：一类可在分子氧存在下进行厌氧生活的厌氧菌，即它们的生长不需要氧，分子氧对它也无毒害。不具有呼吸链，仅依靠专性发酵获得能量。细胞内存在 SOD 和过氧化物酶，但缺乏过氧化氢酶。一般的乳酸菌多数是耐氧菌。⑤厌氧菌：分子氧对它们有毒，即使短期接触空气，也会抑制其生长甚至致死。厌氧菌在固体或半固体培养基深层才能生长，其生命活动所需能量通过发酵、无氧呼吸、循环光合磷酸化或甲烷发酵等提供；细胞内缺乏 SOD 和细胞色素氧化酶，大多数还缺乏过氧化氢酶。

氧气进入菌体后，能接受电子而产生不同还原性的氧离子，如过氧离子、过氧化物自由基。过氧化物自由基和过氧离子都是很强的氧化剂，对微生物有毒，能氧化微生物生长过程中所必需的酶。好氧菌、兼性好氧菌以及微好氧菌体内含有超氧化物歧化酶（SOD）和过氧化氢酶。这两种酶能将过氧化物自由基和过氧离子还原成没有毒性的水分子，所以以上三种菌不会被氧气杀死。耐氧菌虽没有过氧化氢酶，但有 SOD，而不会被氧毒害。厌氧菌体内都没有这些酶，所以不能忍受氧气。

厌氧微生物的研究可采用美国微生物学家 Hungate（亨盖特）于 1950 年提出并广泛应用的厌氧滚管技术，又称亨盖特滚管技术（Hungate roll-tube technique）。其原则是利用物理化学的手段在制备、保存、培养等各个环节驱除和避免接触氧气，具体做法有五点：①利用高纯氮驱除小范围的空气，创造缺氧的小环境；②培养基要经过煮沸以除氧；③在培养基中加入低浓度的还原剂如半胱氨酸或硫化钠，以得到较低的氧化还原电位；④用无氧指示剂刃天青指示培养基中的无氧环境；⑤用特殊的密封器皿进行培养，如带有丁基橡胶塞的血清瓶或试管［用试管可制作亨盖特（Hungate）滚管］。

三、实验器材

1. 培养基

解纤维梭菌（*Clostridium cellulolyticum*）培养基（配方见该实验附）。

2. 过滤除菌的 Na_2CO_3（5g/100ml）溶液

3. 还原剂半胱氨酸，还原剂 $Na_2S \cdot 9H_2O$ 10% 母液

4. 高纯混合氮气钢瓶（80% N_2＋20% CO_2），减压阀

5. 其他

高压蒸汽灭菌锅，厌氧试管，厌氧瓶（即血清瓶），异丁烯橡胶塞，煤气灯，注射器，18号长针头，移液器，枪头，一次性无菌过滤器。

四、实验步骤

1. 高压钢瓶的使用

气体钢瓶是储存压缩气体的特制的耐压钢瓶。使用时，通过减压阀（气压表）有控制地放出气体。由于钢瓶的内压很大（有的高达15MPa），而且有些气体易燃或有毒，所以在使用钢瓶时要注意安全。

① 在钢瓶上装上与气体配套的减压阀（图4-5）。

图4-5 高压气体钢瓶及减压阀

② 使减压阀处于旋松状态，此时气体不会外泄。用时先逆时针打开钢瓶总开关，观察高压表读数，记录高压瓶内总的氮气压，然后顺时针转动减压阀，使其压缩主弹簧将活门打开。这样进口的高压气体由高压室经节流减压后进入低压室，并经出口通往工作系统。使用结束后，先顺时针关闭钢瓶总开关，再逆时针旋松减压阀。

③ 利用分支管从氮气钢瓶中接出两支气路，每支气路各接长针头（图4-6）。

2. 解纤维梭菌液体培养基的制备

① 称量：按照配方称取除钙镁盐、刃天青外所有组分。

② 溶解定容：用500ml左右蒸馏水溶解，然后将钙盐和镁盐溶液按需要的量滴加其中，滴加过程中不断搅拌，混合后定容至1000ml。

③ 调节pH：由于刃天青和半胱氨酸加入后会影响培养基的pH值，因此将二者加入到培养基后再调节pH。刃天青加1ml，半胱氨酸0.4g，此时培养基呈现蓝紫色。灭菌前用盐酸将pH调整到6.0，灭菌后用过滤除菌的 Na_2CO_3（5g/100ml）溶液在混合气体保护下（80% N_2＋20% CO_2）将pH调整到7.2（一般10ml培养基中加入0.4ml）。

④ 煮沸除氧气：将调好pH值的培养基放置在煤气灯上

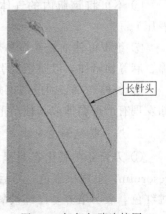

图4-6 氮气气路连接图

加热至沸腾，培养基保持沸腾时会显示除氧后的颜色，即刃天青变为无色，培养基显示出原本的淡黄色。此时打开高纯氮气钢瓶，将长针头置入培养基中通气，并冷却。

⑤ 培养基的分装：往培养基中加入 $Na_2S \cdot 9H_2O$ 母液 5ml，将厌氧瓶或厌氧管用长针头通上氮气，然后取出定量注射器从培养基中吸取一定量的培养基注入厌氧瓶或厌氧管中，继续通气 15s 左右，迅速塞好塞子。

⑥ 121℃高压蒸汽灭菌 20min。

3. 厌氧固体培养基的制备

① 按照步骤 2①～③步进行操作。

② 取适量上述培养基，加入适量琼脂粉，然后在煤气灯上煮沸以彻底溶化琼脂并除氧。

③ 按 2⑤⑥的步骤进行分装和灭菌，厌氧管装量为 5ml。

④ 灭菌结束后进行滚管操作。将灭完菌的厌氧管放置在桌面上进行匀速滚动，这样培养基会在试管壁形成一层琼脂面，且面积较大，可以进行分离的操作，也可以摆放成斜面。

4. 厌氧生理盐水的制备

① 配制 0.85% 的生理盐水。

② 按照 1ml/1000ml 的比例加入刃天青母液，按终浓度 0.05% 加入半胱氨酸固体粉末。将生理盐水煮沸至无色后，保持沸腾 5min。

③ 将生理盐水中通 N_2，用 10ml 定量注射器吸取 9ml 生理盐水，注入到已经换气的厌氧试管中，继续通气 15s 左右，迅速塞好塞子。

五、注意事项

1. 气体钢瓶使用的注意事项

① 压缩气体钢瓶应直立使用，务必用框架或栅栏围护固定。

② 压缩气体钢瓶应远离热源、火种，置通风阴凉处，防止日光曝晒，严禁受热。

③ 禁止随意搬动敲打钢瓶，经允许搬动时应做到轻搬轻放。

④ 使用时要注意检查钢瓶及连接气路的气密性，确保气体不泄漏。使用钢瓶中的气体时，要用减压阀（气压表）。各种气体的气压表不得混用，以防爆炸。

⑤ 使用完毕按规定关闭阀门，主阀应拧紧不得泄漏。养成离开实验室时检查气瓶的习惯。

⑥ 不可将钢瓶内的气体全部用完，一定要保留 0.05MPa 以上的残留压力（减压阀表压）。

⑦ 绝不可使油或其他易燃性有机物沾在气瓶上（特别是气门嘴和减压阀）。也不得用棉、麻等物堵住，以防燃烧引起事故。

⑧ 各种气瓶必须按国家规定进行定期检验，使用过程中必须要注意观察钢瓶的状态，如发现有严重腐蚀或其他严重损伤，应停止使用并提前报检。

2. 培养基配制注意事项

① 刃天青在氧化态时呈现绛紫色，在完全还原时为无色。它第一步不可逆地还原为 resorufin，呈现桃红色；然后再可逆地还原为无色的二氢 resorufin。如果制备的培养基呈现桃红色，表明培养基已经被氧化，氧化还原电位已经升高，其还原指示电位为 $-42mV$。但如果配制低氧化还原电位菌株（如 $-330mV$ 甲烷菌）培养基，由刃天青所指示的培养基氧

化还原电位还不能满足要求，仍需添加一定数量的还原剂如硫化钠，使得培养基的氧化还原电位进一步降低。

② 硫化钠的母液应现配现用。

③ 灭菌后的培养基应为淡黄色，如果出现粉色甚至是紫色，表明氧化还原电位已经升高，培养基已不适合专性厌氧菌的生长。

④ 配制好的培养基应尽快使用。

六、实验记录

记录厌氧培养基制备实验结果（表4-3）。

表 4-3　厌氧培养基制备实验结果记录表

项目	液体培养基	斜面	滚管
数量			
规格/ml			
颜色			

七、预习思考题

氧气为什么会抑制厌氧微生物的生长？其原理是什么？

八、思考题

1. 在厌氧培养基制备的过程中，有哪些方面可以保持培养基的无氧状态？

2. 除了硫化钠和半胱氨酸可以作为还原剂外，你认为还有哪些药品可以在厌氧培养基中充当还原剂？

附：本实验所用培养基和试剂

1. 解纤维梭菌（*Clostridium cellulolyticum*）培养基（g/L）：$(NH_4)_2SO_4$ 1.30，KH_2PO_4 1.50，$K_2HPO_4 \cdot 3H_2O$ 2.90，$MgCl_2 \cdot 6H_2O$ 0.20，$CaCl_2 \cdot 2H_2O$ 0.075，微量元素溶液 1.0 ml（配方见下），刃天青（resazurin）母液 1ml，酵母粉 2.0，纤维素 10.0，蒸馏水定容至 1000ml。

刃天青母液：用无菌水配制浓度为 0.1% 的母液，置于 4℃ 冰箱保存。

2. 微量元素溶液配方

HCl（25%；7.7mol/L）10.00ml，$FeCl_2 \cdot 4H_2O$ 1.50g，$ZnCl_2$ 70.00mg，$MnCl_2 \cdot 4H_2O$ 100.00mg，H_3BO_3 6.00mg，$CoCl_2 \cdot 6H_2O$ 190.00mg，$CuCl_2 \cdot 2H_2O$ 2.00mg，$NiCl_2 \cdot 6H_2O$ 24.00mg，$Na_2MoO_4 \cdot 2H_2O$ 36.00mg，蒸馏水 990.00ml。

首先，将 $FeCl_2$ 用盐酸溶解，然后用水稀释，再加其他盐，最后定容至 1000ml。

实验十二　厌氧微生物的分离培养

一、实验目的

学习几种厌氧微生物的培养方法。

二、实验原理

厌氧微生物在自然界分布广泛，种类繁多，作用日益引起重视。培养厌氧微生物的技术关键是要使该类微生物处于除去了氧或氧化还原势低的环境中。常用的厌氧菌培养方法包括焦性没食子酸法、疱肉培养基法、厌氧罐培养法及亨盖特培养法等，这几种方法比较简便，不需要特殊的大型设备，在多数微生物实验室均可实现。当然，如果条件许可，可采用厌氧微生物专门的培养设备——厌氧培养箱来进行。本实验主要介绍前四种厌氧微生物的培养方法。

1. 焦性没食子酸法

焦性没食子酸与碱性溶液作用后，形成碱性没食子酸盐，在此反应过程中能吸收氧气而造成厌氧环境。该方法的优点是不需要特殊的设备，操作简便，适用于厌氧不严格的厌氧菌培养，但因为在氧化过程中会产生少量的一氧化碳，对某些厌氧菌的生长有抑制作用。另外，NaOH 的存在会吸收培养环境中的 CO_2，对某些厌氧菌不利，如果用 $NaHCO_3$ 代替NaOH，可部分克服 CO_2 被吸收的问题，但又会导致吸氧速度减慢。

2. 疱肉培养法

碱性焦性没食子酸法和厌氧罐培养法都主要用于厌氧菌的斜面及平板等固体培养，而疱肉培养基法则在对厌氧菌进行液体培养时最常采用。疱肉培养基是用瘦牛肉或者猪肉经过处理后配制而成的，其中因含有不饱和脂肪酸能吸收氧，又含有谷胱甘肽（glutathione）能形成负氧化还原电位差。另外，在培养基配制时经过了煮沸除氧并用液体石蜡凡士林进行密封，从而造成厌氧环境，有利于厌氧微生物的培养及保藏，尤其是厌氧梭状芽孢杆菌。若操作得当，严格厌氧菌也能生长。

3. 厌氧罐培养法

厌氧罐是采用聚碳酸酯硬质塑料制成的小型罐状密闭容器，采用抽气换气法充入氢气，并利用钯做催化剂与罐内的氧气发生作用生成水达到除去氧气的目的。同时还充入体积分数为 10% 的 CO_2 以促进某些革兰氏阴性厌氧菌的生长。厌氧罐使用葡萄糖-美蓝指示条，该指示条在有氧气时呈现蓝色，而无氧时则变成无色。

4. 亨盖特培养法

详见实验十一。

三、实验器材

1. 菌种

巴氏固氮梭菌（*Clostridium pasteurianum*），解纤维梭菌（*Clostridium cellulolyticum*）。

2. 培养基

牛肉膏蛋白胨培养基，疱肉培养基（配制方法见本实验步骤 2），实验十一中所配制的解纤维梭菌培养基。

3. 其他仪器及用品

焦性没食子酸，10％NaOH，棉花，灭菌的石蜡凡士林（1∶1），1mg/ml 的刃天青母液，厌氧罐，催化剂袋，气体发生袋，指示剂袋，灭菌的带橡皮塞或螺旋帽的大试管，灭菌的玻璃板（直径比培养皿大 3～4cm），灭菌的滴管，烧瓶，刀，亨盖特滚管，厌氧瓶，微波炉，灭菌锅。

四、实验步骤

1. 焦性没食子酸法

① 大管套小管法：在大试管中放入少许棉花和焦性没食子酸，焦性没食子酸的用量按它在过量碱液中能每克吸收 100ml 空气中的氧来估计，本实验用量约 0.5g。接种巴氏芽孢梭菌在小试管牛肉膏蛋白胨琼脂斜面上，迅速滴入 10％的 NaOH 于大试管中，使焦性没食子酸润湿，并立即放入除掉棉塞已接种菌的小试管斜面（小试管口朝上），塞上橡皮塞或拧上螺旋帽，置 30℃培养。

② 培养皿法：取玻璃板一块或用培养皿盖，铺上一薄层灭菌脱脂棉，将 1g 焦性没食子酸放于其上。用牛肉膏蛋白胨琼脂培养基倒平板，待凝固稍干燥后，在平板上划线接种巴氏芽孢梭菌，滴加 10％ NaOH 溶液约 2ml 于焦性没食子酸上，切勿使溶液溢出棉花，立即将已接种的平板覆盖于玻璃板上或培养皿盖上，必须将脱脂棉全部罩住，焦性没食子酸反应物切勿与培养基表面接触，以熔化的石蜡凡士林液密封皿底与玻璃板或皿盖的接触处。置 30℃培养箱培养。

2. 疱肉培养基法

① 取已除去筋膜、脂肪的牛肉 500g，切成小方块，置 1000ml 蒸馏水中，以小火煮 1h，用纱布过滤，挤干肉汁，将肉汁保留备用。再将肉渣用绞肉机绞碎，或用刀切碎，最好使其成细粒。

② 将保留的肉汁加蒸馏水，使总体积为 2000ml，加入 20g 蛋白胨、2g 葡萄糖、5g NaCl、绞碎的肉渣，置烧瓶中摇均匀，加热使蛋白胨溶化。

③ 取上层溶液调整 pH 为 8.0，在烧瓶壁上用记号笔标明瓶内液体高度，121℃灭菌 15min 后补足蒸发的水量，重新调整 pH 为 8.0，再煮沸 10～20min，补足水量，再调整 pH 为 7.4。

④ 把烧瓶内容物摇匀，将溶液和肉渣分装于小试管中，肉渣约占培养基 1/4 左右。经 121℃灭菌 15min 灭菌后备用。如当日不用，则应以无菌操作加入灭过菌的石蜡凡士林，以隔绝氧气。

⑤ 接种前可将上述已做好的疱肉培养基煮沸 10min，以除去溶入的氧，如果盖有一层石蜡凡士林，需将石蜡凡士林先在火焰边微加热，使其熔化。在培养基手感不烫时按液体接种法接入巴氏芽孢梭菌，然后将接种的试管垂直，使石蜡凡士林凝固而密封培养基。再置 30℃中培养。

3. 厌氧罐培养法

① 用牛肉膏蛋白胨琼脂培养基倒平板，凝固干燥后，取两个平板，以划线的方法接种巴氏芽孢梭菌，将已接种的平皿置于厌氧罐（图 4-7、图 4-8）的培养皿支架上，而后放入厌氧培养罐内。

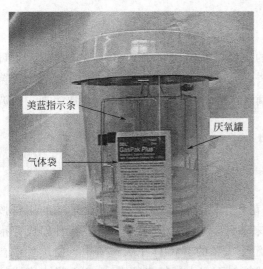

图 4-7　厌氧罐外观图

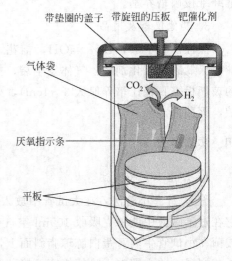

图 4-8　厌氧罐内部结构示意图

② 剪开催化剂袋，将催化剂倒入厌氧罐盖下面的多孔催化剂盒内，拧紧催化剂盒的盒盖。

厌氧罐中的钯或铂催化剂在使用过程中会被培养环境中的水汽、硫化氢或一氧化碳污染，从而失去催化能力，因此在每次培养前，催化剂都必须在 140～160℃ 的烘箱内烘 2h，以使其充分活化。

③ 剪开气体发生袋的切碎线处，并迅速将此气体发生袋置罐内金属架的夹上，再向袋中加入约 10ml 水。同时，由另一人配合，剪开指示剂袋，将指示条暴露，立即放进罐内。必须在一切准备工作就绪后再往气体发生袋中注水，加水后应迅速密闭厌氧罐，否则，产生的氢气过多外泄，会造成罐内厌氧环境不能建立。

④ 迅速盖好厌氧罐的盖，将固定梁旋紧，置 30℃ 培养。

4. 亨盖特培养法

① 培养基的制备：按照实验十一的方法配制实验中所要用到的解纤维梭菌培养基以及灭菌的无氧生理盐水。

② 按照实验十一的方法对培养基进行除氧，制作厌氧液体培养基和厌氧亨盖特管。

③ 厌氧微生物的液体接种：在 N_2 保护下，用注射针管吸取解纤维梭菌菌液，从丁基橡胶塞部分注射到预还原培养基中，在要求的温度下进行培养。

④ 厌氧微生物的分离

a. 取出含 9ml 生理盐水的厌氧试管若干，用无菌的 1ml 注射器吸取解纤维梭菌菌液，并以 10 倍稀释法将菌液稀释到合适浓度。

b. 用无菌 1ml 注射器吸取已经稀释过的菌液 0.2ml，在 N_2 保护下注入到含 5ml 固体培养基的厌氧试管中，立即滚管，滚管结束后，用无菌注射器将多余的液体吸出，以免过多的水滞留导致菌落模糊。

⑤ 在接种的时候，可以将无菌针头直接插入丁基橡胶塞后注入（接种方法见图 4-9），不过这种方法会损害橡胶塞的密封性，使得塞子不能重复使用。也可以打开塞子，在氮气保护下直接注入菌液，这种方法如果操作得当，是不会引入氧气的，而且不会对塞子造成破坏。

应用微生物学实验

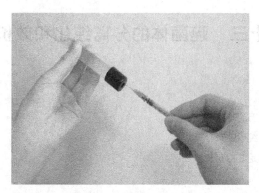

图 4-9　厌氧管接种

五、注意事项

1. 刃天青在使用时应配成 0.1%（质量/体积）的母液，且随配随用。

2. 在本实验中涉及气体钢瓶的使用，气体钢瓶的使用及存放应符合安全规范。

3. 焦性没食子酸对人体有毒，有可能通过皮肤吸收；10% NaOH 对皮肤有腐蚀作用，因此操作要小心，并戴手套。

4. 由于焦性没食子酸遇到碱性溶液后会迅速发生反应并开始吸氧，因此用此法培养厌氧菌时，应确保所有准备工作就绪后才能向焦性没食子酸上滴加 NaOH，并迅速封闭大试管或平板。

六、实验记录

记录各厌氧培养法的实验结果，并结合实验对照进行分析说明。

七、预习思考题

厌氧培养的方法很多，其原理有哪些共通的地方？在这些方法中都是通过什么手段达到无氧的目的？

八、思考题

根据你所做的实验，你认为几种厌氧培养法各有何优缺点？

实验十三　噬菌体的分离纯化和效价测定

一、实验目的

1. 学会噬菌体的检查方法。
2. 掌握噬菌体分离、纯化方法。
3. 学会噬菌体效价测定的方法。

二、实验原理

噬菌体是一类寄生于微生物细胞中的病毒。在自然界中，凡有宿主细胞存在的地方往往就有相对应的噬菌体存在。本实验的基本原理：①噬菌体对宿主细胞具有高度特异性，从而利用此宿主作为敏感菌株去培养和发现它们。②利用烈性噬菌体对宿主细胞有裂解作用，将宿主细胞和噬菌体同时接种到液体培养基中，经恒温振荡培养后，噬菌体在宿主细胞内增殖并裂解宿主细胞，再利用噬菌体的可滤过性，用细菌过滤器过滤使菌体与噬菌体分离，从而得到较高浓度（$10^8 \sim 10^9/\text{ml}$）的噬菌体溶液。③利用噬菌体对宿主细胞的裂解作用，可在含有敏感菌株的琼脂平板上出现肉眼可见的噬菌斑，而且通常认为一个噬菌斑是由一个噬菌体感染宿主细胞后形成，因此根据噬菌斑数目可换算得裂解液的浓度。噬菌体的纯化方法与细菌的纯化方法相似。④噬菌体的效价测定即为噬菌体的计数，即指每毫升溶液中具有感染性噬菌体的个数。

三、实验器材

1. 菌种

林可链霉菌（*Streptomyces linconesis*）60 菌株。

2. 培养基

本氏培养基，牛肉膏蛋白胨液体培养基，蛋白胨水培养液，下层培养基（同本氏培养基），上层培养基（同本氏培养基，唯琼脂含量为 0.8%）。

3. 试样

被噬菌体污染的林可链霉菌 60 菌株的发酵液。

4. 其他

生理盐水，无菌吸管，无菌培养皿，三角瓶，恒温摇床，细菌过滤器等。

四、实验步骤

1. 检查分离

① 制备孢子悬浮液：取林可链霉菌 60 菌株斜面试管（15mm×150mm）一支，加入 3ml 无菌生理盐水制成悬浮液备用。

② 将被检试样（发酵液）2500r/min 离心 10min 得上清液。

③ 先铺下层培养基，即用吸管吸取 15ml 下层培养基放入灭菌的培养皿中，待凝固后，在其上滴加上述上清液 2～3 滴，然后在此平板上倒入 3～4ml 含有林可链霉菌 60 孢子悬浮

液的上层培养基。（每 30ml 上层培养基中加该孢子悬浮液 3ml）摇匀，待凝固后在 28℃恒温培养箱中培养 36～48h 后观察。

2. 纯化及噬菌体裂解液的制备

初次分离得到的噬菌体一般都不纯，主要表现在噬菌斑的大小形态不一致，故需进行纯化。为了得到高浓度的噬菌体裂解液，可通过裂解敏感宿主细胞进行增殖。

① 在上述出现单个分散的噬菌斑平板上选定一个噬菌斑用接种针尖刺一下，将粘在此接种针上的噬菌体洗入约 4.5ml 的蛋白胨水培养基中，再从此管中取一针稀释至 4.5ml 蛋白胨水中，用此溶液按照本实验步骤 1 进行操作，观察所出现的噬菌斑大小形态是否一致。这样重复多次，直到出现的噬菌斑较一致为止。

② 噬菌体裂解液的制备：一般采用液体法。

取盛有 15ml 牛肉膏蛋白胨液体培养基的三角瓶（容量 150ml）一只，接入少量林可链霉菌 60 斜面孢子，再用接种针刺一下前述实验中所得的单个噬菌斑，并洗入上述三角瓶中，28℃振荡培养 48h 后用细菌滤器过滤得裂解液。

3. 噬菌体效价测定

① 将噬菌体裂解液估计效价后，用 4.5ml 的蛋白胨水培养基以 10 倍稀释法进行稀释，一般稀释至 10^{-5}。方法同细菌的活菌计数法（实验十五）。

② 下层平板制备：取六只无菌培养皿，将熔化并冷却至 50℃左右 100ml 本氏下层培养基，倒入其中，每只平皿约 15ml。待凝后备用。

③ 分别吸取已稀释成 10^{-3}、10^{-4}、10^{-5} 浓度的噬菌体裂解液各 0.1ml，加到六个本氏下层培养基上，每个稀释度做两个平皿。

④ 制备孢子悬浮液：取林可链霉菌 60 斜面试管（15mm×150mm）一支，加入 3ml 无菌生理盐水制成悬浮液。

⑤ 倒本氏上层培养基：将已熔化的 30ml 本氏上层培养基冷却至约 60℃，再以无菌操作加入 3ml 孢子悬浮液，摇匀后加约 5ml 于前述的含有本氏下层培养基的平板上，趁热将噬菌体裂解液摇匀并铺平，待凝后置 28℃培养 36～48h，进行观察。

⑥ 观察结果：计算平板上出现的噬菌斑。选取适当稀释度（每皿出现 50～80 个噬菌斑为宜）计算噬菌斑。

⑦ 效价计算：效价（噬菌体个数/ml）＝噬菌斑数×稀释倍数/取样量。

五、实验记录

1. 噬菌斑的形态（表 4-4）

表 4-4　噬菌斑的形态记录

噬菌斑形态	噬菌斑描述
○	

2. 噬菌体效价记录（表 4-5）

表 4-5　噬菌体的效价记录

噬菌体样品稀释度		10^{-1}	10^{-2}	10^{-3}	10^{-4}	10^{-5}
噬菌斑数	1					
	2					
平均值						
取样量/ml						
噬菌体效价计算结果						

六、实验注意事项

1. 敏感菌和培养基的混合要均匀，否则影响结果。

2. 双层培养基法测定噬菌体效价时，要等下层培养基完全凝固后再铺上层培养基。

七、预习思考题

噬菌体对于人类社会有何利弊？

八、思考题

1. 何为噬菌体的效价？你计算的结果是多少？

2. 如某工厂在发酵过程中怀疑有噬菌斑污染，你如何用实验得以证实？

实验十四　微生物的计数——血细胞计数法

一、实验目的

学习并掌握使用血细胞计数板对微生物细胞或孢子的个数进行测定。

二、实验原理

显微镜直接计数法是将小量待测样品的悬浮液置于一种特别的具有确定面积和容积的载玻片上（又称计菌器），于显微镜下直接计数的一种简便、快速、直观的方法。用血细胞计数板在显微镜下直接计数是一种常用的微生物计数方法。

目前国内外常用的计菌器有：血细胞计数板、Peteroff-Hauser 计菌器以及 Hawksley 计菌器（图 4-10）等，它们都可用于酵母、细菌、霉菌孢子等悬液的计数，基本原理相同。其中血细胞计数板较厚，不能使用油镜，因此常用于对个体较大的酵母、霉菌孢子进行计数。而后两种计菌器由于盖上盖玻片后，总容积为 $0.02mm^3$，而且盖玻片和载玻片之间的距离只有 0.02mm，因此可用油浸物镜对细菌等较小的细胞进行观察和计数。显微镜直接计数法的优点是直观、快速、操作简单。但此法的缺点是所测得的结果通常是死菌体和活菌体的总和。目前已有一些方法可以克服这一缺点，如结合活菌染色微室培养（短时间）以及加细胞分裂抑制剂等方法来达到只计数活菌体的目的。本实验以血细胞计数板为例进行显微镜直接计数。

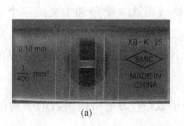
　(a)　　　　　　　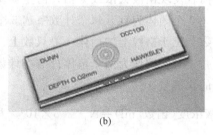
　(b)

图 4-10　血细胞计数板（a）和 Hawksley 计菌器（b）

血细胞计数器是一块特制的厚载玻片，由 4 条平行的槽构成 3 个平台。较宽的中间平台被单一短槽分隔成两半，每半平台上均刻有长宽各为 1mm 的大方格，中间平台下陷 0.1mm，所以当盖上盖玻片后，计数室的体积为 $0.1mm^3$，即 $1×10^{-4}ml$。

血细胞计数器常有两种规格，一种是一个大方格分成 16 个中方格，每个中方格又分成 25 个小方格；另一种是一个大方格分成 25 个中方格，每个中方格再分成 16 个小方格（图 4-11）。两种规格的计数室一个大方格均为 400 个小方格。

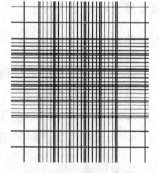

图 4-11　血细胞计数板
的计数室（25×16）

三、实验器材

1. 菌种

酿酒酵母（*Saccharomyces cerevisiae*）。

2. 仪器或其他用具

生理盐水，血细胞计数板，显微镜，盖玻片，无菌毛细滴管。

四、操作步骤

1. 菌悬液制备

以无菌生理盐水将酿酒酵母制成浓度适当的菌悬液。

2. 镜检计数室

在加样前，先对计数板的计数室进行镜检。若有污物，则需清洗，吹干后才能进行计数。

3. 加样品

将清洁干燥的血细胞计数板盖上盖玻片，再用无菌的毛细滴管将摇匀的酿酒酵母菌悬液沿盖玻片边缘滴一小滴，让菌液顺缝隙靠毛细渗透作用自动进入计数室，一般计数室均能充满菌液（取样时先要摇匀菌液；加样时计数室不可有气泡产生）。

4. 显微镜计数

加样后静置5min，然后将血细胞计数板置于显微镜载物台上，先用低倍镜找到计数室所在位置，然后换成高倍镜进行计数。实验时注意调节显微镜光线的强弱要适当，对于用反光镜采光的显微镜还要注意光线不要偏向一边，否则视野中不易看清楚计数室方格线，或只见竖线或只见横线。

在计数前若发现菌液太浓或太稀，需重新调节稀释度后再计数。一般样品稀释度要求每小格内有5～10个菌体为宜。每个计数室选5个中格（可选4个角和中央的一个中格）中的菌体进行计数。位于格线上的菌体一般只数上方和右边线上的。如遇酵母出芽，芽体大小达到母细胞的一半时，即作为两个菌体计数。计数一个样品要从两个计数室中计得的平均数值来计算样品的含菌量。

$$菌液浓度（菌数/ml）= N \times 2.5 \times 10^5 \times 稀释倍数（N 为中格内菌数的平均值）$$

5. 清洗血细胞计数板

使用完毕后，将血细胞计数板在水龙头下用水冲洗干净，切勿用硬物洗刷，洗完后自行晾干或用吹风机吹干。镜检，观察每小格内是否有残留菌体或其他沉淀物。若不干净，则必须重复洗涤至干净为止。

五、注意事项

1. 使用血细胞计数板前，要先观察该计数板是何种规格，并按照相应的方法进行计数。
2. 菌液一定要摇匀。
3. 计数室内不可以有气泡。
4. 向计数室加样时，避免滴加到计数室表面，以免造成计数结果偏高。

六、实验记录

记录酿酒酵母计数结果（表4-6）。

表 4-6　酿酒酵母计数结果记录

项目	各中格格数					中格中平均菌数	浓度/(菌数/ml)
	1	2	3	4	5		
第一室							
第二室							

七、预习思考题

列表比较血细胞计数板计数法、平皿计数法、比浊法等各种菌数计数法的原理、适用范围、所需设备、操作步骤等。

八、思考题

1. 用血细胞计数板计数的误差主要来自哪些方面？应如何尽量减少误差，力求准确？
2. 某单位要求知道一种干酵母粉中的活菌存活率，请设计 1～2 种可行的检测方法。

实验十五 微生物的计数——平板活菌计数法

一、实验目的

学习平板活菌计数的基本原理和方法，并掌握其基本技能。

二、实验原理

平板菌落计数法是将待测样品经适当稀释后，其中的微生物充分分散为单个细胞，取一定量的稀释液接种到平板上，经过培养，每个单细胞生长繁殖形成肉眼可见的菌落，一个单菌落应代表原样品中的一个单细胞。统计菌落数，根据其稀释倍数和取样接种量即可换算出单位体积样品中的含菌数。但是，由于待测样品往往不易完全分散成单个细胞，所以，长成的一个单菌落也可能来自样品中的多个细胞，尤其是像四联球菌、八叠球菌等，往往多个细胞才能形成一个单菌落。因此平板菌落计数的结果往往偏低。为了清楚地阐述平板菌落计数的结果，现在已倾向使用菌落形成单位（colony-forming units，CFU），而不以绝对菌落数来表示样品的活菌含量。

该计数法的缺点是操作较繁，结果需要培养一段时间才能取得，而且测定结果易受多种因素的影响，但是这种计数方法最大的优点是可以获得活菌的信息，所以被广泛用于生物制品检验，以及食品、饮料和水等含菌指数或污染度的检测。

三、实验器材

1. 菌液

酿酒酵母的菌液。

2. 其他

微波炉，培养箱，无菌吸管，无菌培养皿，无菌生理盐水，沙保琼脂培养基（配方见附录Ⅱ）。

四、操作步骤

① 取六套无菌培养皿，分别用记号笔标明 10^{-4}、10^{-5}、10^{-6} 各两套，另取六支盛有 4.5ml 生理盐水的试管，排列于试管架上，依次标明 10^{-1}、10^{-2}、10^{-3}、10^{-4}、10^{-5}、10^{-6}。

② 将酿酒酵母菌液混匀，用 1ml 无菌吸管吸取 0.5ml 放入标有 10^{-1} 生理盐水的试管中，摇匀。依次稀释至 10^{-6}。

③ 从 10^{-4}、10^{-5}、10^{-6} 管中分别吸取 0.2ml 于标明 10^{-4}、10^{-5}、10^{-6} 的无菌培养皿中。

④ 于上述放有各稀释度菌液的培养皿中，倒入熔化并冷却至 45℃ 左右的沙保琼脂培养基约 15ml，立即轻旋混匀，待凝后倒置于 28℃ 恒温培养箱中培养 48h 后计数（选择菌落数在 30～300 个的培养皿进行计数）。

⑤ 菌液浓度的计算：菌液浓度（菌数/ml）＝菌落数×稀释倍数×5。

⑥ 稀释度选择与菌落总数的记录方式，以表 4-7 为例说明。

表 4-7　稀释度选择与菌落总数的记录表

例次	稀释倍数			两稀释倍数之比	菌落总数/(个/ml)	数据结果/(个/ml)
	10^{-2}	10^{-3}	10^{-4}			
1	1187	135	21	—	135000	1.4×10^5
2	2530	263	45	1.7	356500	3.6×10^5
3	2680	270	62	2.3	270000	2.7×10^5
4	不可计数	2130	321		3210000	3.2×10^6
5	27	12	2	—	2700	2.7×10^3
6	不可计数	312	27		312000	3.1×10^6

a. 一般选取菌落数 30～300 之间的培养皿作为菌落总数测定的依据。酵母、细菌可采用菌落数偏大者，而霉菌则应选取菌落数偏小者。比如在根霉、毛霉的培养基中可以添加 0.1% 的去氧胆酸钠，以限制其扩散，方便计数。菌种计数应以菌落间各个分开为宜。

b. 若有两个稀释度，其测量得到的菌落数都在 30～300 之间，则应比较两者比值，若其比值小于 2，则应取平均值；若大于 2，则取其较小数（表中例 2、3）。

c. 若所有稀释度的平均菌落数都大于 300，则需要重新设定稀释度后再次稀释分离，或选择稀释度最高的平均菌落数乘以稀释倍数作为结果（例 4）。

d. 若所有的稀释度的平均菌落数均小于 30，则需要重新设定稀释度后再次稀释分离，或选择稀释度最低的平均菌落数乘以稀释倍数作为结果（例 5）。

e. 若所有稀释度的平均菌落数均不在 30～300 之间，则以最接近 30 或 300 的平均数乘以稀释倍数作为结果（例 6）。

f. 菌落数在 100 以内，按实有数记录，若大于 100 时，采用二位有效数字，二位有效数后的数字，以四舍五入法计算，一般以 10 的指数形式表示结果。

五、注意事项

1. 严格无菌操作，避免因杂菌污染而影响实验结果的判定。

2. 前一稀释度的平均菌落数应大致为后一稀释度平均菌落数的 10 倍左右，若差别太大，实验应重做。

3. 菌落稠密成片生长的平板，不能用来计数。

六、实验记录

记录平板活菌计数结果（表 4-8）。

表 4-8　平板活菌计数结果记录表

稀释度										结果
菌落数	1	2	3	1	2	3	1	2	3	
CFU/ml										
平均										

七、预习思考题

平板活菌计数法的实验结果如何正确表述？

八、思考题

1. 要使平板活菌计数更准确，需要掌握哪几个关键问题，为什么？

2. 血细胞计数板法和平板活菌计数法二者的优缺点有哪些？从两种方法计数得出的菌液浓度是否一致？为什么？

3. 平板活菌计数法中，为何选择生长有 30～300 个菌落的平板计数？

实验十六　比浊法测定细菌生长曲线

一、实验目的

1. 了解大肠杆菌生长曲线的基本特征，从而认识微生物在一定条件下生长、繁殖的规律。
2. 学习用比浊法测定大肠杆菌的生长曲线，掌握比浊法测定生长的原理和适用范围。

二、实验原理

　　一定量的微生物，接种在适合的新鲜液体培养基中，在适宜的温度下培养，以菌数的对数为纵坐标、生长时间为横坐标，做出的曲线叫生长曲线。一般可分为延迟期、对数期、稳定期和衰亡期四个时期（如图 4-12 所示）。不同的微生物有不同的生长曲线，同一种微生物在不同的培养条件下，其生长曲线也不一样。因此，测定微生物的生长曲线对于了解和掌握微生物的生长规律是很有帮助的。

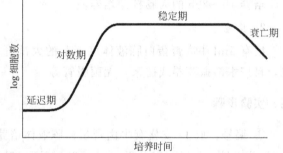

图 4-12　单细胞微生物在分批培养时的典型生长曲线

　　测定微生物生长曲线的方法很多，有血细胞计数法、平板活菌计数法、称重法、比浊法等。比浊法是用菌悬液的光密度来推知菌液的浓度，是一种常用、简便的测定生长方法。

　　当光线通过微生物菌悬液时，由于菌体的散射及吸收作用使得光线的透过量降低。在一定范围内，微生物的细胞浓度与透光率呈反比，与光密度（OD 值）呈正比；而光密度或透光度可以通过光电池精确测出（如图 4-13 所示）。因此，在实验时，可以先利用一系列菌悬液测定的光密度及其含菌量，做出光密度-菌数的标准曲线，然后再根据

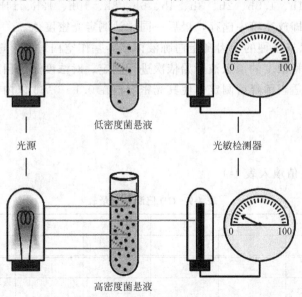

图 4-13　比浊法测定细胞密度的原理

样品液所测得的光密度，从标准曲线中查出相对的菌体数量。由于光密度或透光度除了受到菌体浓度影响外，还受到细胞大小和形态、培养液成分和颜色及波长等因素的影响，因此制作标准曲线时，应使用相同的菌株和培养条件及波长来制作标准曲线。波长的选择通常在400～700nm 之间，具体波长数应根据不同微生物的最大吸收波长及其稳定性实验确定。

另外，值得注意的是，这种方法虽然简便，但并非适合所有微生物的培养情况。多数细菌和酵母菌在无固体颗粒的培养基中培养时，可以采用该法来测定生长。本方法不适用的情况包括有菌丝类微生物，以及发酵液中有固体杂质。颜色太深的样品也不适合用这种方法来测定。

用分光光度计测定不同培养时间的细菌悬浮液的光密度值，可以不需要转换为细菌数量值，而直接绘制生长曲线。它可以反映出细菌的生长情况。

三、实验器材

1. 菌种

培养 18～20h 的大肠杆菌培养液。

2. 其他

盛有 5ml 牛肉膏蛋白胨液体培养基的大试管 12 支，72 型或 72.1 型分光光度计，比色皿，自控水浴振荡器或摇床，无菌吸管等。

四、实验步骤

① 编号：取 14 支盛有牛肉膏蛋白胨液体培养基的大试管，用记号笔标明培养时间，即0、0.5h、1h、1.5h、2h、3h、4h、6h、8h、10h、12h、14h、16h、20h。

② 接种：用 1ml 无菌吸管，每次准确地吸取 0.1ml 大肠杆菌培养液，分别接种到已编号的 14 支牛肉膏蛋白胨液体培养基大试管中，接种后振荡，使菌体混匀。

③ 培养：将接种后的 14 支试管置于自控水浴振荡器或摇床上，37℃振荡培养。分别再将编号为 0、0.5h、1h、1.5h、2h、3h、4h、6h、8h、10h、12h、14h、16h、20h 的试管在对应时间取出，立即放冰箱中储存，最后一同比浊测定光密度值。

④ 比浊测定：以未接种的牛肉膏蛋白胨液体培养基作空白对照，选用 600nm 波长进行光电比浊测定。从最稀浓度的菌悬液开始依次进行测定，对浓度大的菌悬液用未接种的牛肉膏蛋白胨液体培养基适当稀释后测定，使其光密度值在 0.1～0.65 以内，记录 OD 值时，注意乘上所稀释的倍数。

五、实验记录

① 将测定的 OD 值填入表 4-9。

表 4-9 OD 值测量记录表

时间/h	0	0.5	1	1.5	2	3	4
时间/h	6	8	10	12	14	16	20

② 绘制大肠杆菌的生长曲线。

六、注意事项

1. 应以未接种的新鲜培养基做空白对照，从最稀浓度的样品开始依次测定。
2. 应选用标准比色管进行测定，防止误差。

七、预习思考题

比浊法测定微生物的生长适合于哪些微生物？

八、思考题

1. 为什么说用比浊法测定的细菌生长只是表示细菌的相对生长状况？
2. 在生长曲线中为什么会出现稳定期和衰亡期？在生产实践中怎样缩短延迟期？怎样延长对数期及稳定期？怎样控制衰亡期？试举例说明。

实验十七　干重和湿重法测定微生物的生长量

一、实验目的

　　1. 学习用菌体干重测定微生物的生长量。
　　2. 学习用菌体湿重测定微生物的生长量。

二、实验原理

　　干重和湿重法测定微生物的生长量通常适用于培养基中无固体物的培养物。一些丝状微生物如放线菌和霉菌由于很难用比浊法测定，因此该方法适用于放线菌和霉菌的生长量的测定。在无固体物的培养基中进行微生物培养，培养液中的固体全是菌体，通过过滤或离心的方法，得到菌体，反复洗涤后称重，即为菌体的湿重。如将湿菌体放入干燥箱中加热干燥，加热温度一般在 $100\sim105℃$ 之间，4h 以上（也可在较低的温度，如 $40℃$ 下进行真空干燥），再称重，即为菌体的干重。以细菌为例，一个细胞一般重 $10^{-13}\sim10^{-12}$ g。干重一般为湿重的 $20\%\sim25\%$。

三、实验器材

　　1. 菌种
　　大肠杆菌培养液。
　　2. 其他
　　15ml 离心管，10ml 吸管，恒温干燥箱，干燥器，分析天平，离心机。

四、实验步骤

　　1. 湿重法测定微生物生长量
　　① 取两个干燥洁净的 15ml 离心管，在分析天平上称重得到 m_1、m_2。
　　② 用 10ml 的吸管准确吸取 10ml 的大肠杆菌培养液于上述离心管中。
　　③ 用台秤平衡两离心管后，将其对称置于离心机中，3000r/min，离心 15min。
　　④ 离心完毕后，取出离心管，弃上清液。
　　⑤ 沉淀的菌体用去离子水洗涤 2 次。
　　⑥ 将两离心管再次称重得到 M_1、M_2。
　　⑦ 计算 10ml 培养液的菌体湿重。

　　2. 干重法测定微生物生长量
　　① 取两个干燥洁净的 15ml 离心管，放入 $105℃$ 的烘箱，烘 2h 取出后放入干燥器中，待离心管冷却至室温后，在分析天平上称重得到 n_1、n_2。
　　② 其余步骤按湿重法②～⑤步骤。
　　③ 得到的湿菌体连同离心管一起放入 $105℃$ 烘箱烘 4h。
　　④ 取出后放入干燥器中，待离心管冷却至室温后，在分析天平上称重得到 N_1、N_2。
　　⑤ 计算 10ml 培养液的菌体干重。

五、实验记录

1. 菌体湿重记录（表 4-10）

表 4-10　菌体湿重记录表

m_1/g	m_2/g	$m_{平均}$/g	M_1/g	M_2/g	$M_{平均}$/g
菌体湿重/g		$M_{平均}-m_{平均}=$			
单位体积菌体湿重/(g/L)		菌体湿重×1000/10=			

2. 菌体干重记录（表 4-11）

表 4-11　菌体干重记录表

n_1/g	n_2/g	$n_{平均}$/g	N_1/g	N_2/g	$N_{平均}$/g
菌体干重/g		$N_{平均}-n_{平均}=$			
单位体积菌体干重/(g/L)		菌体干重×1000/10=			

六、注意事项

1. 烘箱中取出的离心管一定要放在干燥器中冷却至室温称重。
2. 离心时，一定要将离心管平衡并对称放入离心机中。

七、预习思考题

用干重或湿重分析的方法来表征微生物的生长情况有何局限性？

八、思考题

1. 为什么烘箱中取出的离心管一定要放在干燥器中冷却至室温后才能称重？
2. 用干重或湿重表征菌体量时，对培养液有什么要求？

第 五 章
微生物遗传学技术

遗传和变异是生物体的最基本属性之一。所谓遗传性是指亲代生物传递给子代一套与亲代相同的遗传信息，当子代个体在合适的环境条件下，能将从亲代获得的遗传信息转化为具体的性状，正如人们所说的"种瓜得瓜，种豆得豆"。

然而遗传并不意味子代和亲代完全相似，事实上亲代和子代之间、子代的个体之间总有着不同程度的差异，这种差异的表现就称为变异，如同一个种子，种出的瓜是不完全一样的。

遗传和变异推动着生物的进化，也是进行微生物育种的理论基础。生物通过遗传保持物种的相对稳定，因此人们能重复获得生物各种优良稳定的性状，而变异则促进新的性状的产生，从而获得优良的生物品种。所以遗传变异是人们进行菌种选育和菌种保藏的主要理论依据。

微生物具有生命活动能力，其世代时期一般是很短的，在传代过程中易发生变异甚至死亡，因此常常造成工业生产菌种的退化，并有可能使优良性状丢失。所以，如何保持菌种优良性状的稳定是菌种保藏的重要课题。

应用遗传学原理和技术，可以对工业生产菌种进行改造，这种改造可以是建立在基因突变原理的诱变改造和建立在基因重组理论的分子手段的改造。本章实验主要介绍诱变育种的方法，包括微生物的诱变方法、耐药性菌株的筛选、抗噬菌体菌株的筛选和营养缺陷型突变株的筛选。

同样应用遗传学原理和技术，可以使菌种优良性状保持稳定，这就是菌种保藏。本章重点介绍几种常用的菌种保藏方法，包括：定期移植保藏法（斜面保藏法）、砂土管保藏法、菌体速冻保藏法、石蜡油封存法、真空冷冻干燥保藏法和液氮超低温保藏法。

实验十八　微生物的诱变和突变株的筛选

一、实验目的

1. 了解并掌握物理诱变和化学诱变的原理和方法。
2. 学习并掌握突变株的筛选方法。

二、实验原理

基因突变即生物体内的遗传物质的分子结构发生可遗传的变化，它是诱变育种的理论基础。基因突变可以自发产生，也可诱发产生。利用物理或化学因素处理微生物，其体内的遗传物质的分子结构发生改变的概率比自发突变的概率大。因此对微生物进行诱变，可以使基因突变的频率提高并可使遗传变异的幅度增大，以便从中筛选出所需要的突变株。

最常用的物理诱变剂是紫外线，用于诱变的紫外线波长为 260nm，它主要引起 DNA 两条链之间或一条链相邻位置上的胸腺嘧啶形成二聚体，从而影响 DNA 的正常复制和转录，造成基因突变。

化学诱变剂能引起 DNA 分子链上碱基排列的改变或引起 DNA 分子结构的改变，从而达到诱变育种的目的。化学诱变剂很多，有亚硝酸、硫酸二乙酯、N-甲基-N'-硝基-N-亚硝基胍（NTG）等。亚硝酸是一种较安全、效果较好的化学诱变剂，它主要使腺嘌呤氧化脱氨成次黄嘌呤，引起 A∶T 转换为 G∶C。

基因突变后在表型上的改变有形态突变、耐药性突变、抗噬菌体突变和产量突变等。如基因突变后造成对某化学药物或噬菌体的抗性称为耐药性突变或抗噬菌体突变。由于该突变是因 DNA 分子某一特定位置的结构改变造成的，因此与药物或噬菌体的存在无关，在筛选时可在培养基中加入某化学药物或噬菌体而筛选出耐药性突变株或抗噬菌体突变株。

三、实验器材

1. 菌种

林可链霉菌 60（*Streptomyces lincolnensis* 60）。

2. 培养基

本氏培养基（见附录Ⅱ）。

3. 试剂

生理盐水，0.07mol/L pH8.6 磷酸氢二钠溶液，亚硝酸钠，0.1mol/L pH4.6 醋酸缓冲液。

4. 其他

吸管，试管，培养皿，三角刮棒，紫外诱变箱，培养箱，摇床，磁力搅拌器等。

四、实验步骤

1. 诱变

（1）物理诱变：以紫外线为例

① 单孢子悬浮液的制备：取一支新鲜的林可链霉菌 60 斜面，加入 5～10ml 的无菌生理盐水，

用接种环轻轻刮下表面的孢子，然后转移到装有玻璃珠的 50ml 三角瓶中，在摇床上振摇 10min 左右，使孢子充分分散，用灭菌的脱脂棉或普通的滤纸过滤，即得单孢子悬浮液。

② 紫外线处理：

a. 杀菌曲线的制作：将上述得到的单孢子悬浮液置于直径为 6cm 的放有搅拌子的无菌培养皿内，然后将该无菌培养皿置于带磁力搅拌装置的紫外线处理箱，紫外灯功率为 15W，距离 30cm（照射前紫外灯管必须预热稳定 20min 以上），照射时间分别为 0、15s、30s、45s、60s。处理完后，将处理的单孢子悬浮液以 10 倍稀释法稀释，并取 0.1ml 涂布在倒有本氏培养基的培养皿上，28℃培养 3～5 天后计数，并计算其死亡率。

b. 诱变处理：利用 a. 的实验结果，选取死亡率在 70%～90% 之间的培养皿上的菌落进行各种突变株的筛选。

（2）化学诱变：以亚硝酸为例

① 单孢子悬浮液制备：同物理诱变，只是用 0.1mol/L 醋酸缓冲液（pH4.6）代替生理盐水。

② 取一无菌小瓶，吸入 1ml 孢子悬浮液，再加入亚硝酸钠使终浓度为 0.05mol/L。

③ 摇匀后置 28℃恒温水浴保温若干分钟（视死亡率而定，一般为 10min）后加入 10ml 0.07mol/L pH8.6 的磷酸氢二钠终止反应。

2. 突变株的筛选

（1）耐药性菌株的筛选

① 平板的制备：取无菌培养皿若干个，在培养皿中加入一定浓度的链霉素溶液，然后加入 15ml 熔化后并冷却到 50℃左右的本氏培养基，边加边轻摇培养皿，使药物和培养基充分混匀，待凝后备用。

② 取 0.1ml 上述诱变后的菌液涂布在培养皿上，28℃培养 5～7 天后，观察结果。在平板上长出的菌落可初步确定为抗链霉素突变株。

（2）抗噬菌体菌株的筛选

① 平板的制备：取无菌培养皿若干个，在培养皿中加入一定浓度的噬菌体增殖液，然后加入 15ml 熔化后并冷却到 50℃左右的本氏培养基，边加边轻摇培养皿，使噬菌体增殖液和培养基充分混匀，待凝后备用。

② 取 0.1ml 上述诱变后的菌液涂布在培养皿上，28℃培养 5～7 天后，观察结果。在平板上长出的菌落可初步确定为抗噬菌体突变株。

五、实验记录

1. 记录紫外线死亡率和计算结果（表 5-1）

表 5-1　紫外线死亡率和计算结果记录表

处理时间 /s	不同稀释度的存活菌数/个				存活菌浓度 /（个/ml）	存活率 /%	死亡率 /%
	10^{-3}	10^{-4}	10^{-5}	10^{-6}			
0							
15							
30							
45							
60							

2. 记录亚硝酸诱变死亡率和计算结果（表 5-2）

表 5-2 亚硝酸诱变死亡率和计算结果记录表

处理时间 /min	不同稀释度的存活菌数/个				存活菌浓度 /（个/ml）	存活率 /%	死亡率 /%
	10^{-3}	10^{-4}	10^{-5}	10^{-6}			
0							
10							

3. 记录耐药性菌落生长情况（表 5-3）

表 5-3 耐药性菌落生长情况记录表

紫外线处理 时间 /s	长出的 菌落数 /个	菌落形态 描述	亚硝酸处理时间 /min	长出的 菌落数 /个	菌落形态 描述

4. 抗噬菌体菌落生长情况（表 5-4）

表 5-4 抗噬菌体菌落生长情况记录表

紫外线处理 时间 /s	长出的 菌落数 /个	菌落形态 描述	亚硝酸 处理时间 /min	长出的 菌落数 /个	菌落形态 描述

六、实验注意事项

1. 紫外线诱变避免在可见光下操作。

2. 紫外线照射和亚硝酸处理时注意保护好皮肤。

3. 由于化学诱变剂一般对人体有毒性，操作时一定要听从指导教师，严格按要求进行，诱变结束一定要终止反应。

七、预习思考题

1. 列出育种常用的各种诱变方法，对比其原理、适用范围、操作步骤等。

2. 诱变剂量如何确认？

八、思考题

1. 紫外线和亚硝酸为何能作为物理诱变剂和化学诱变剂用于育种？

2. 为什么紫外线诱变后稀释分离要尽量避免在可见光下操作？

3. 化学诱变剂有哪些？试述亚硝酸诱变作用的机制。

实验十九　营养缺陷型突变株的选育

一、实验目的

了解并掌握营养缺陷型菌株的特点及筛选方法。

二、实验原理

野生型菌株是指在最低营养要求的基本培养基上能生长的微生物。这种菌株由于受到外界物理因素或化学因素的影响，基因发生突变，因而丧失合成某一物质（如氨基酸、维生素、核苷酸等）的能力，这种突变株不能在基本培养基上生长，必须在基本培养基中补充某些物质才能生长，这就称为营养缺陷型菌株。

与营养缺陷型菌株生长和鉴定相关的培养基有三种，分别称为基本培养基（MM）、完全培养基（CM）和补充培养基（SM）。

野生型菌株在基本培养基上能生长，而营养缺陷型菌株不能在基本培养基上生长，只能在补充相应营养物的补充培养基或完全培养基上才能生长，而野生型菌株在完全培养基上生长较快。因此可以利用这一特点筛选出营养缺陷性菌株。

三、实验器材

1. 菌种

大肠杆菌野生型（*Escherichia coli*）。

2. 培养基

详见附录Ⅱ。

① 完全培养基。

② 基本培养基。

③ 无氮培养基。

④ 2 倍氮源培养基。

3. 试剂

生理盐水，10000U/ml 青霉素溶液。

4. 其他

① 无菌玻璃器皿（培养皿，吸管，试管，离心管，三角瓶，三角刮棒）。

② 无菌牙签，接种环，酒精灯，记号笔，小圆滤纸片等。

③ 恒温培养箱，紫外灯照射箱，摇床。

四、实验步骤

1. 大肠杆菌菌液的制备

取新鲜的大肠杆菌斜面，用接种环挑取少量菌苔，接种于盛有 3ml LB 液体培养基的试管中，置 37℃，200r/min 培养 12~16h。用吸管吸取 0.5ml 该培养液接入含有 50ml LB 液体培养基的三角瓶中，37℃，200r/min 培养至指数生长期（约 5h），取 10ml 培养液放入无菌离心管中，3500r/min 离心 10min，倒去上清液，菌体用生理盐水洗涤 2 次后，用生理盐水悬浮细胞，制成菌悬液（浓度 $10^7 \sim 10^8/ml$）。

2. 诱变处理

① 吸上述菌悬液 3ml 于 6cm 的培养皿内，将培养皿放在 15W 的紫外灯下，然后开盖处理一定的时间。时间到后盖上培养皿盖，关紫外灯。从紫外灯照射箱中取出处理后的菌悬液。

② 吸 3ml 2 倍浓度 LB 液体培养基到上述处理后的培养皿中，37℃避光培养 12h。

3. 淘汰野生型

① 吸 5ml 上述处理过的菌液于无菌离心管中，3500r/min 离心 10min，倒去上清液，沉淀用生理盐水离心洗涤三次后，加生理盐水 5ml。

② 吸取经离心洗涤的菌液 0.1ml 于 5ml 无氮基本培养基中，37℃培养 12h。

③ 加入 5ml 2 倍氮源的基本培养基，加入氨苄西林，使其在菌液中的最终浓度约为 500U/ml，放入 37℃培养箱中培养 12h。

4. 检出营养缺陷型

① 将上述培养 12h 的菌液倒入离心管中，3500r/min 离心 10min，倒去上清液，沉淀用生理盐水离心洗涤一次后，再加 10ml 生理盐水充分混匀，制成菌悬液，并用生理盐水稀释至 10^{-1}、10^{-2}。

② 从 10^0、10^{-1}、10^{-2} 菌悬液中各取 0.1ml 分别涂布于完全培养基上，置 37℃培养 24h，至长出菌落。

③ 分别制备完全培养基和基本培养基平板，将其放在画有方格的纸上（图 5-1）。

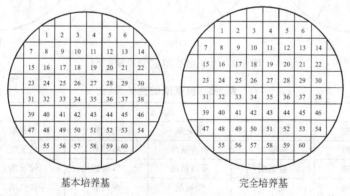

基本培养基　　　　　　　　完全培养基

图 5-1　逐个挑取法检出营养缺陷型菌株

④ 将前述长出的菌落用无菌牙签逐个挑取，一一对应接种在基本培养基平板和完全培养基平板的相同编号点上，并做好标记，置 37℃培养 24h，观察结果。

⑤ 在基本培养基上不生长，而在完全培养基上生长的菌落，初步认为是营养缺陷型菌株。

⑥ 将初步确定的营养缺陷型菌株的菌落，用接种环接种于完全培养基斜面上，置 37℃培养 24h，作为下一步鉴定的菌株。

5. 营养缺陷型菌株的鉴定

① 将可能是营养缺陷型的菌株斜面用接种环挑取 3～4 环于盛有 5ml 生理盐水的离心管中，制成菌悬液。吸取 1ml 该菌液加入到无菌培养皿中，倒入 15～20ml 熔化并冷却至约

50℃的基本培养基，轻摇培养皿，立即将菌液和培养基混匀，待凝固后备用（每个需鉴定的菌株制备两个含菌平板）。

② 氨基酸缺陷型的鉴定

在两个含菌平板底部用记号笔分成 6 个区域 ［图 5-2（a）］，用滤纸片吸取相应的混合氨基酸液（表 5-5），依次放入相应的区域，置 37℃培养 24～48h，观察生长圈，并确定是哪种营养缺陷型。

③ 维生素缺陷型的鉴定

在两个含菌平板底部用记号笔分成 5 个区域 ［图 5-2（b）］，用滤纸片吸取相应的混合维生素液（表 5-6），依次放入相应的区域，置 37℃培养 24～48h，观察生长圈，并确定是哪种营养缺陷型。

④ 核苷酸缺陷型的鉴定

在两个含菌平板底部用记号笔分成 7 个区域 ［图 5-2（c）］，用滤纸片吸取相应的核苷酸液（共 7 种，分别为腺嘌呤、鸟嘌呤、黄嘌呤、次黄嘌呤、胸腺嘧啶、胞嘧啶、尿嘧啶），依次放入相应的区域，置 37℃培养 24～48h，观察生长圈，并确定是哪种营养缺陷型。

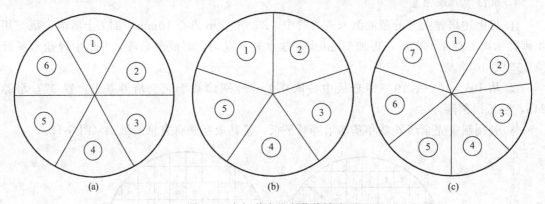

图 5-2　生长谱法鉴定营养缺陷型

表 5-5　氨基酸的生长谱

组别	氨基酸组成					
1	赖氨酸	精氨酸	蛋氨酸	胱氨酸	亮氨酸	异亮氨酸
2	缬氨酸	精氨酸	苯丙氨酸	酪氨酸	色氨酸	组氨酸
3	苏氨酸	蛋氨酸	苯丙氨酸	谷氨酸	脯氨酸	天冬氨酸
4	丙氨酸	胱氨酸	酪氨酸	谷氨酸	甘氨酸	丝氨酸
5	鸟氨酸	亮氨酸	色氨酸	脯氨酸	甘氨酸	谷氨酰胺
6	胍氨酸	异亮氨酸	组氨酸	天冬氨酸	丝氨酸	谷氨酰胺

表 5-6　维生素的生长谱

组别	维生素组成				
1	维生素 A	维生素 B_1	维生素 B_2	维生素 B_6	维生素 B_{12}
2	维生素 C	维生素 B_1	维生素 D_2	维生素 E	烟酰胺
3	叶酸	维生素 B_2	维生素 D_2	胆碱	泛酸钙
4	对氨基苯甲酸	维生素 B_6	维生素 E	胆碱	肌醇
5	生物素	维生素 B_{12}	烟酰胺	泛酸钙	肌醇

五、实验记录

1. 诱变处理的记录（表 5-7）

表 5-7 诱变后菌落在基本培养基和完全培养基上的生长情况

项目	基本培养基	完全培养基
菌落生长情况		

2. 生长谱鉴定的记录（表 5-8）

表 5-8 营养缺陷型菌株的鉴定结果

营养缺陷型菌株编号	缺陷类型	生长区域	缺陷标记

六、注意事项

1. 此实验用到的器皿均需用去离子水浸泡洗涤后灭菌备用。
2. 检出营养缺陷型时，应先点接在基本培养基平板，然后点接在完全培养基平板上。

七、预习思考题

营养缺陷型菌种对于生产应用有何意义？

八、思考题

1. 何为营养缺陷型菌株，筛选营养缺陷型菌株的一般步骤是什么？
2. 在淘汰野生型菌株时，为何要加入氨苄西林？

实验二十　菌种保藏技术

一、实验目的

1. 了解菌种保藏的原理。
2. 学习并掌握菌种保藏的方法。

二、实验原理

菌种保藏主要是根据菌种的生理生化特点，人工创造条件，使其生长代谢活动尽量降低，以减少其变异。要达到这个目的，从微生物本身来讲，最好利用它们的休眠体如孢子或芽孢；从环境条件来讲，一般可通过保持培养基营养成分在最低水平、缺氧状态、干燥和低温，使菌种处于"休眠"状态，抑制其繁殖能力。

三、实验器材

1. 菌种

待保藏的菌种斜面。

2. 培养基

适合该菌种生长的新鲜斜面培养基。

3. 试剂

甘油、脱脂牛奶等。

4. 其他

砂土管，安瓿管，接种针，接种环，冰箱，干燥器，真空冷冻干燥仪，液氮罐等。

四、实验步骤

1. 定期移植保藏法（斜面保藏法）

这是一种短期、过渡的保藏方法，用新鲜斜面接种（也可用半固体穿刺接种）后，置最适条件下培养到菌体或孢子生长丰满后，放在 4℃ 冰箱保存。每隔一定时间需重新移植培养、传代保藏。一般间隔期为三个月到六个月。该法是实验室和工厂菌种室常用的保藏法，其优点是操作简单，使用方便，不需特殊设备，并能随时检查所保藏的菌株是否死亡、变异与污染杂菌等；缺点是容易变异，保藏时间较短。

① 在新鲜斜面培养基试管上用记号笔写上菌种名称和日期。

② 用接种环以无菌操作要求从待保藏的菌种斜面上挑取些许菌苔移接到空白新鲜斜面培养基上。

③ 置最适条件下培养到菌体或孢子生长丰满，一般细菌在 37℃ 培养约 24h，放线菌和丝状真菌在 28℃ 培养 4～7 天，酵母菌在 28～30℃ 培养 48～60h。

④ 斜面长好后，放在 4℃ 冰箱保存。

2. 砂土管保藏法

这是国内常采用的一种方法，适合于产孢子或芽孢的微生物。该法操作简单，保藏效果好，缺点是存活率低。一般保藏期为 1 年左右。

（1）砂土载体的准备

取河砂若干，经 60～80 目筛子过筛除去粗粒，用 10％盐酸浸泡 2～4h 以除去砂中的有机质，倒去盐酸，再用清水将砂冲洗至 pH 为中性，滤出砂，烘干后备用。

（2）土载体的准备

取贫瘠土或非耕作层土（不含有机质），经风干、粉碎后，用 100～120 目筛子过筛，备用。

（3）砂土管的制备

将上述准备好的砂、土按一定的质量比均匀混合（根据土质和菌种的不同特性，可以是 1∶1、3∶2、4∶3，甚至可以是纯砂或纯土），分装于小试管（10mm×100mm）中，装料高度约为 1cm，塞好棉花塞，121℃灭菌 30min，这样间歇灭菌三次，烘干并经无菌检查后备用。

（4）砂土管的无菌检查

在灭菌后的砂土管中取出少许砂土，放入牛肉膏蛋白胨培养液或麦芽汁培养液中，在合适的温度下培养 24～48h 后，若没有菌生长，就可使用。

（5）待保藏菌种的菌液制备

取生长良好处于静止期的新鲜斜面的孢子或芽孢埋制砂土管。在新鲜斜面上加入 3～4ml 生理盐水，洗下孢子或芽孢，用玻璃珠振荡成均匀的菌悬液。

（6）埋砂土管

① 湿法：用无菌操作取上述菌悬液 0.2～0.3ml 接入砂土管中，用接种针将砂土和菌液混合均匀。

② 干法：用无菌操作取新鲜斜面直接将芽孢或孢子刮入砂土管中，用接种针将砂土和菌混合均匀。

（7）干燥

将上述含菌的砂土管放入干燥器中（干燥器内需有干燥剂，如硅胶等），用真空泵抽 3～5h，以除去砂土管内的水分。

（8）砂土管的收藏

上述制备好的含菌砂土管，可直接放入盛有干燥剂的干燥器中，也可将砂土管的管口用火焰熔封或装入含有干燥剂的大试管中，塞上橡皮塞后用蜡封大试管口。最后放置于 4℃冰箱中保藏。

3. 菌体速冻保藏法

对于不产孢子或芽孢的微生物，一般不能用砂土管保藏。通常情况下，处于繁殖阶段的微生物细胞对冷冻有较强的抵抗能力，但冻结对很多菌种会引起损伤，如果加入甘油等防冻剂，则可预防冻结对细胞引起的伤害。据此，人们开发了菌体速冻保藏法。

能作为保护剂的物质有甘油、二甲基亚砜、海藻糖、脱脂牛奶和血清白蛋白等。甘油和二甲基亚砜通过透入细胞降低强烈的脱水作用而保护细胞；海藻糖、脱脂牛奶和血清白蛋白则通过与细胞表面结合的方式防止细胞膜的冻伤。

在菌体速冻保藏法中普遍用的保护剂为甘油，故又称甘油管速冻保藏法。该法的优点是简便易行，保存期与砂土管相当。所以目前很多企业在平时生产中用该方法进行菌种的保藏。

（1）操作方法

① 50％甘油溶液的配制和灭菌：称 50g 甘油，然后用蒸馏水定容至 100ml，配制成浓度为 50％的甘油溶液，121℃灭菌 15min 后备用。

② 制备菌悬液：取待保藏的新鲜斜面菌种制成菌悬液，一般菌悬液的浓度为 $10^8 \sim 10^{10}$ 个/ml。

③ 将菌悬液和 50％甘油溶液以等体积混合均匀。

④ 置－20℃或－80℃保藏。

（2）操作注意事项

① 菌悬液的浓度最好能达到 $10^8 \sim 10^{10}$ 个/ml。

② 加入保护剂后应尽快冷冻保藏。

③ 为防止在冷冻时玻璃试管的破裂，应尽量采用优质玻璃试管或塑料管。

④ 保藏的菌种应避免反复融冻。

4. 石蜡油封存法

石蜡油封存法是定期移植保藏法的补充，即向培养成熟的菌种斜面上倒入一层灭过菌的石蜡油，然后保存在 4℃冰箱中。由于石蜡油限制了氧的供给，延缓了细胞的代谢，从而达到延长保藏时间的目的。此法优于定期移植法，且操作简便，保藏期比定期移植法长，约一年。但不适用于能利用石蜡油作碳源的微生物的保存，且只能直立放置于冰箱，因而占据较大的空间，并不便携带，另外移种时由于菌体外沾有石蜡油，因此菌种的生长较慢，一般需再移种一次才能得到良好的菌种。

（1）操作方法

① 石蜡油的准备：取医用液体石蜡油，在 121℃灭菌 1～2h 后，置 110～130℃烘箱中烘 2h，以除去由于蒸汽灭菌而混入液体石蜡油中的水分，备用。

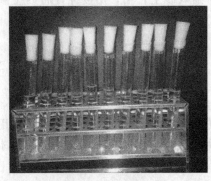

图 5-3　直立于试管架上的石蜡油保藏菌种

② 菌种的准备：用斜面接种或穿刺接种将要保藏的菌种接入合适的培养基，在合适的条件下培养好后，选择生长良好的菌种，并用记号笔写上菌种名称和保藏日期。

③ 液体石蜡油的加入：将已灭菌的石蜡油无菌操作注入待保藏的菌种试管中，用量为高出斜面顶端或直立柱培养基表面 1cm。

④ 保藏：用牛皮纸包扎棉花塞后，将菌种试管直立置于 4℃冰箱保藏（图 5-3）。

（2）操作注意事项

① 石蜡油易燃，在烘干除去水分和保藏过程中，一定要注意安全。

② 保藏期间，由于石蜡油的挥发使培养物露出石蜡油液面时，应及时补充石蜡油。

③ 用石蜡油保藏管移种时，最好用灭菌滤纸将接种环上的石蜡油吸掉。

5. 真空冷冻干燥保藏法

真空冷冻干燥保藏法是目前常用的较理想的一种方法。其基本原理是在较低的温度下（－40～－30℃），快速地将细胞冻结，并且保持细胞完整，然后在真空中使水分升华。在这样的环境中，微生物的生长和代谢都暂时停止，不易发生变异。因此，菌种可以保存很长时间，一般5年左右。由于该法需在低温下操作，为了防止冻结和脱水过程中对细胞造成的损害，需要在保藏的菌种中加入保护剂。保护剂的作用可能是在冷冻干燥的脱水过程中代替结合水而稳定细胞成分（细胞膜）的构型，防止细胞膜因为冻结而破坏。保护剂还可以起支持作用，使微生物疏松地固定在上面。常用的保护剂有脱脂牛奶和血清。

真空冷冻干燥保藏法虽然需要一定的设备（图5-4），要求亦比较严格，但由于该方法保藏效果好，对各种微生物都适用。所以国内外应用较普遍。

（1）操作方法

① 安瓿管的准备：选用中性硬质玻璃管制备安瓿管，国内安瓿管的形状如图5-5，其下部为球形（直径9～11mm），直管长约为10cm，直径应根据冷冻干燥设备多歧管的直径而定（两者连接后不漏气），一般为6～8mm。安瓿管先用2％的盐酸浸泡过夜，然后用自来水冲洗三次以上，再用蒸馏水冲洗到pH中性，在烘箱中烘干，备用。

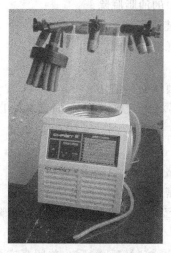

图5-4　真空冷冻干燥仪

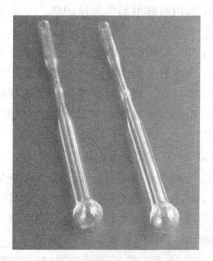

图5-5　安瓿管的形状

② 安瓿管的灭菌：临用前，在安瓿管口塞上脱脂棉，121℃湿热灭菌30min，然后在干燥箱中烘干。

③ 保护剂的准备：真空冷冻干燥保藏法常用的保护剂有脱脂牛奶和血清。

a. 脱脂牛奶的准备：取新鲜牛奶，在冰箱中放置过夜，去除表面的脂肪皮膜后，分装于离心管中，3000r/min离心30min，撇去上层脂肪，这样连续进行3次后，5ml一管分装于小试管中，于115℃湿热灭菌15min，冷藏备用。如用脱脂奶粉（如BD公司的脱脂奶粉），则先配成20％的乳液，5ml一管分装于小试管中，于115℃湿热灭菌15min，冷藏备用。

b. 血清的准备：由于血清经高温灭菌后易破坏，因此要用细菌过滤器进行过滤除菌。常用的血清有马、牛、羊的血清。也可用7.5％葡萄糖血清，葡萄糖单独用115℃湿热灭菌15min，然后配成7.5％葡萄糖血清。

图5-6　真空冷冻干燥仪分支口

④ 菌种的准备：取 2～3ml 保护剂加入生长良好的新鲜斜面菌种试管内，用接种针轻轻刮下表面的孢子或菌苔，制成菌悬液。

⑤ 分装菌液：将上述制备好的菌液，用无菌的细长滴管分装于安瓿管底部球形体中，每管装 0.1ml。

⑥ 预冻：将分装菌液的安瓿管放入 -80℃ 低温冰箱中预冻约 15min，使菌体冻结。

⑦ 冷冻真空干燥：将预冻好的安瓿管与真空冷冻干燥设备的多歧管连接（图 5-6），开启开关，抽真空，直至安瓿管内冻干物呈酥块状或松散片状即可，一般为 6h。

⑧ 融封：干燥完成后，在保持真空的状态下，在安瓿管的细颈处用火焰熔封。

⑨ 真空度检查：融封后的安瓿管应用高频电火花监测器对真空度检测，管内呈青紫色即可。

⑩ 保藏：置于 4℃ 冰箱中保藏。

（2）操作注意事项

① 如用新鲜牛奶作为保护剂，一定要将新鲜牛奶中的油脂脱除。

② 菌液浓度应达到 $10^6～10^{10}$ 个/ml，并应立即分装进行冻干。

③ 分装时用细长的滴管，注意尽量不要溅污安瓿管上部管壁。

④ 预冻剂的温度达到 -30℃ 以下才能开始预冻。

⑤ 熔封时，火焰对准安瓿管的细颈处，注意防止菌体受热损伤。

⑥ 用高频电火花监测器检测真空度时，注意不要将电火花直接射向菌体，以免损伤细胞。

（3）冷冻真空干燥设备的使用

① 首先打开冷冻真空干燥设备真空泵，预热 30min。

② 在主干燥器的密封垫圈上涂上真空脂，将真空密封罩放上并压紧使不漏气。

③ 打开主干燥器，待压力降到 103mPa 以下连接已预冷的安瓿管，等压力下降，真空数值显示向下后方可松手。

④ 约 6h 后，待安瓿管中的物质呈酥块状或松散片，熔封安瓿管后，关闭真空泵，使用橡胶阀缓慢进气，当显示 $8×10^4$ Pa 以后方可略微开大进气阀。

⑤ 关闭主干燥器，打开排水阀，擦干冻干腔中的水。将真空密封罩移去，正面向下放在旁边（不用时绝对不可以盖上）。

6. 液氮超低温保藏法

液氮超低温保藏法是目前最有效的长期保藏技术，也是适用范围最广的微生物保藏法。尤其是一些不产孢子的菌丝体，用其他保藏方法不理想，可用液氮保藏法，其保存期最长。

用液氮能长期保存菌种，是因为液氮的温度可达 -196℃，远远低于微生物新陈代谢作用停止的温度（-130℃），所以此时菌种的代谢活动已停止，不可能进行 DNA 复制，当然也不会发生变异。

液氮是无色、无臭、无毒的超低温液体，其温度为 -195.8℃，因此液氮具有超低温冷却性能。

由于液氮保藏是在超低温条件下的操作，因此也需要保护剂，它常用的保护剂为甘油或二甲基亚砜，这两种化学试剂的渗透性较强，能迅速透过细胞膜，吸住水分子，使细胞膜不致大量失水而变性，从而保护细胞免受冷冻的伤害。

保藏菌种用的设备称为液氮罐，它是真空绝热容器，由超级绝热材料制成（图 5-7）。

图 5-7　液氮罐

（1）操作方法

① 安瓿管要求：由于液氮保存是在超低温状态，所使用的安瓿管需用能承受大的温差而不至于破裂的硼硅硬质玻璃制成，也可用螺旋口的塑料冻存管。安瓿管清洗后，在烘箱中烘干，备用。

② 安瓿管的灭菌：临用前，在安瓿管口塞上脱脂棉，121℃湿热灭菌 30min，然后在干燥箱中烘干。

③ 保护剂的准备：液氮超低温保藏法常用的保护剂为甘油和二甲基亚砜。

a. 20％甘油的配制：称取 20g 甘油，用无菌水定容至 100ml，115℃湿热灭菌 15min 后备用。

b. 10％二甲基亚砜的配制：称取 10g 二甲基亚砜，用无菌水定容至 100ml，用细菌过滤器过滤除菌。

④ 菌种准备及分装：将生长良好的新鲜斜面菌种，用无菌水制成菌悬液，然后加入等体积的保护剂，使甘油或二甲基亚砜的最终浓度为 10％和 5％，然后加入无菌的安瓿管中，一般安瓿管的装量为 0.2～1ml。

⑤ 冻结：液氮法的关键是先把微生物从常温过渡到低温。这样在细胞接触低温前，使细胞内自由水通过膜渗出而不使其遇冷形成冰晶而伤害细胞。一般采用先将菌液降温到 0℃，再以每分钟降低 1℃的速度，一直降低到－35℃，然后才把装有菌液的安瓿管放入液氮罐的气相中。一般气相中温度为－150℃，液相中温度为－196℃。

目前常用的控温方法如下。

a. 程序控温降温法，应用电子计算机程序控制降温装置。可以稳定地连续降温，并能很好地控制降温速率。

b. 分段降温法：将菌体在不同温度级的冰箱或液氮罐口分段降温冷却，一般采用二步控温，即将安瓿管或塑料小管，先放在－20℃至－40℃冰箱中 1～2h，然后取出放入液氮罐中快速冷冻。这样冷冻速率大约每分钟下降 1～1.5℃。

由于液氮要挥发，这样温度就会上升，冰晶状态发生变化，从而导致菌种死亡。所以要常常注意液氮的残存量，定期补加。

⑥ 重新培养：当要使用或检查所保存的菌种时，可将安瓿管从冰箱中取出，室温或35～40℃水浴中迅速解冻，当升温至 0℃时即可打开安瓿管，将菌种移到适宜的培养基斜面

上培养。

（2）操作注意事项

① 操作时要注意安全，戴好面罩和皮手套，防止冻伤。

② 放在液相中的安瓿管，其管口一定要熔封严密，否则如安瓿管中进入液氮，拿出冰箱后会因液氮体积膨胀 680 倍导致安瓿管爆炸。

③ 注意室内通风，防止过量液氮而窒息。

④ 要经常注意剩余液氮的数量，并定期补充，以保持必要的储存量。

五、实验记录

记录菌种保藏（表 5-9）。

表 5-9　菌种保藏记录表

序号	接种日期	保藏日期	菌种名称	培养条件		保藏方法
				培养基	培养温度	

六、注意事项

1. 斜面保藏法接种时严格无菌操作，防止染菌，传种时避免接种斜面上外观有异常的菌落，为防止棉花塞受潮长杂菌而造成染菌，管口的棉花塞应用牛皮纸包扎。

2. 砂土管需按一定比例抽样进行无菌检查，如灭菌不彻底，需重新灭菌，菌液浓度一般要求 $10^8 \sim 10^{10}$ 个/ml。抽真空时间不要太长，以免孢子在此过程中萌发。

3. 每种菌的保藏至少选用两种方法进行保藏。

七、预习思考题

常用的菌种保藏方法有哪些？列表对比其原理、适用范围、保藏时间。

八、思考题

1. 菌种保藏的原理是什么？

2. 为何冷冻干燥保藏法需要保护剂，而砂土管保藏则不需要保护剂？

第六章
分子生物学技术

　　随着生命科学和化学的不断发展，人们对微生物体的认知已经逐渐深入到微观水平，从细胞结构到核酸和蛋白质的分子水平。分子生物学技术贯穿于基因工程的各个步骤，构成了基因工程的基础。通过基因工程操作，可将含目的基因的 DNA 片段经体外操作与载体连接，转入一个受体细胞并使之扩增、表达，因此比其他育种方法更有目的性和方向性，效率更高。其全部过程大体可分为 6 个步骤。

一、目的基因的获得

　　一般有四条途径：①从生物细胞中提取、纯化染色体 DNA 并经适当的限制性内切酶部分酶切；②经反转录酶的作用由 mRNA 在体外合成互补 DNA（cDNA），此法主要用于真核微生物及动、植物细胞中特定基因的克隆；③化学合成，主要用于那些结构简单、核苷酸序列清楚的基因的克隆；④从基因库中筛选、扩增获得。

二、载体系统的选择

　　基因工程中所用的载体系统通常具备两个条件：具有自我复制能力、能在受体细胞内大量增殖。同时，为了方便操作，载体最好有单一的限制性核酸内切酶识别位点，使目的基因能方便地插入其中；载体上要有选择性遗传标记，最好还具备插入失活的遗传标记，以便及时高效地选择出"工程细胞"。具备上述条件的载体，对原核受体细胞来说，主要有松弛型细菌质粒和 λ 噬菌体；对动物受体细胞来说，主要有 SV40 等动物病毒；对植物受体细胞来说，主要是 Ti 质粒。

三、目的基因与载体的重组

　　采用限制性核酸内切酶的处理或人为地在两种 DNA 的 3′端分别接上 polyA 和 polyT，就可使参与重组的两 DNA 分子产生互补黏性末端。两 DNA 分子混合并置于低温下退火，使黏性末端上互补的碱基之间因氢键的作用彼此吸引重新形成双链。再加入 DNA 连接酶，就可以使目的基因与载体 DNA 共价结合，形成完整的、有复制能力的重组载体。

四、重组载体引入受体细胞

上述由体外操纵方法构建成的重组载体，只有将之导入受体细胞，才能使其中的目的基因获得扩增和表达。受体细胞的种类很多，在基因工程发展的早期，以原核细胞为主，如大肠杆菌和枯草芽孢杆菌，后来发展到真核细胞如酿酒酵母、毕赤酵母以及各种高等动植物的细胞株。目前，受体细胞正向各种大生物扩展，如转基因动物和转基因植物等。把重组载体导入受体细胞有多种途径。如质粒可以用转化法，噬菌体或病毒可以用感染法。

五、重组受体细胞的筛选和鉴定

经过重组载体导入受体细胞的操作后，还要进行筛选和鉴定，找出那些成功引入重组载体的受体细胞。一般情况下，可以利用载体上所携带的选择性遗传标记，方便地筛选出导入载体的受体细胞。导入的是空载体还是重组载体，则还需要进一步的鉴定，如质粒上含有插入失活标记，就可以方便地排除空载体重组子。

六、目的基因在受体细胞内的表达

在受体细胞内成功导入目的基因后，往往还需要目的基因得到表达。若要获得纯度较高的相应蛋白质，则还要从受体细胞培养物中提取并纯化。

本章中，以大肠杆菌 *Escherichia coli* K12s 菌株的腺苷脱氨酶基因作为外源基因，以pUC19 质粒作为载体，以另一株大肠杆菌 DH5α 作为受体细胞，选取了基因重组技术中各个环节中的重要操作，使实验者对分子生物学技术有一个简单而又全面的了解。

实验二十一　细菌总 DNA 的提取和琼脂糖凝胶电泳

一、实验目的

1. 了解细菌总 DNA 提取的基本原理。
2. 掌握小规模快速法提取细菌总 DNA 的方法。
3. 掌握 DNA 琼脂糖凝胶电泳的基本原理和操作。

二、实验原理

本实验采用小规模快速法制备总 DNA，其基本原理是，在碱性条件下，用溶菌酶和表面活性剂 SDS 将细菌细胞壁和细胞膜破裂，然后用高浓度的 NaCl 沉淀蛋白质等杂质，经过氯仿抽提进一步去掉蛋白质等杂质，再经乙醇沉淀，得到较纯的总 DNA。

DNA 电泳是基因工程中最基本的技术之一，DNA 制备及浓度测定、目的 DNA 片段的分离、重组子的酶切鉴定等均需要电泳完成。常见的琼脂糖凝胶电泳，可分离的 DNA 片段大小因胶浓度的不同而异（表 6-1）。

表 6-1　不同浓度标准琼脂糖凝胶可分离 DNA 片段大小的范围

琼脂糖浓度/%	可分离的 DNA 片段的范围
0.5	700bp～25kb
0.8	500bp～15kb
1.0	250bp～12kb
1.2	150bp～6kb
1.5	80bp～4kb

DNA 为碱性物质，在电泳（缓冲液 pH=8）时带负电荷，在一定的电场力作用下向正极泳动。而 DNA 链上的负电荷伴随着 DNA 分子量的增加而增加，荷质比是一常数，故电泳中 DNA 的分离类似分子筛效应。

目前各厂商开发了各种类型的标准分子量。电泳时样品和 Marker 在平行的加样孔内加入，同时进行电泳，可以根据电泳结果看出样品中 DNA 的大小。

本实验用的 DNA Marker 电泳示意图见图 6-1。

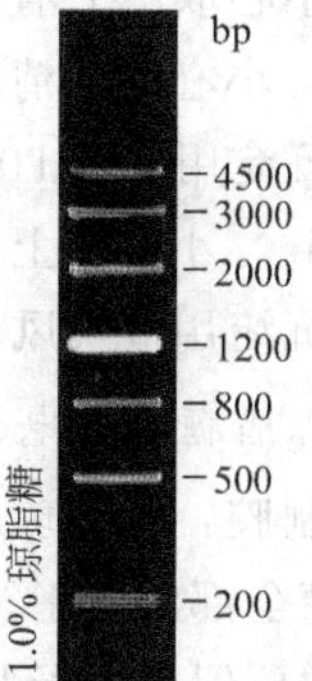

图 6-1　本实验用的 DNA Marker 电泳示意图

三、实验器材

1. 仪器及材料

微量移液器（20μl、200μl、1000μl）、无菌吸头（200μl、1000μl）、Eppendorf 管（1.5ml）、锥形瓶（250ml）、恒温水浴锅、制胶槽、样品梳、冰浴、离心机、电泳槽、电泳仪、恒温摇床、超洁净工作台、微波炉、紫外成像仪。

2. 试剂

LB 培养基、Tris（三羟甲基氨基甲烷）、浓 HCl、乙酸钠、EDTA、SDS（十二烷基硫酸钠）、NaCl、无水乙醇、双蒸水、TAE 缓冲液、琼脂糖、10×上样缓冲液（loading buffer）、DNA Marker。

3. 菌种

大肠杆菌（*Escherichia coli* K12s）。

四、实验步骤

1. 细菌总 DNA 的提取

① 菌体培养：接种供试菌于 LB 液体培养基，于 37℃ 振荡培养 16～18h，获得足够的菌体。

② 菌体收集：取 1.5～3ml 培养液于 1.5ml Eppendorf 管中，12000r/min 离心 30s，弃上清液，收集菌体（注意用吸头吸干多余的液体）。若所需培养物体积超过 Eppendorf 管体积（1.5ml），可多步离心，反复弃去上清液。

③ 裂解菌体：向每管加入 200μl 裂解缓冲液（配方见本实验附），用微量移液器吸头迅速强烈抽吸以悬浮和裂解细菌细胞（若是 G+ 菌在进行裂解前还需进行辅助裂解：加 50mg/ml 溶菌酶溶液 100μl，37℃ 处理 1h）。

④ 向每管加入 66μl 5mol/L NaCl，充分混匀后，12000r/min 离心 10min，除去蛋白质复合物及细胞壁等残渣。

⑤ 将上清液转移到新 Eppendorf 管中，转移过程中，应避免带入任何沉淀。加入与上清液等体积的苯酚/氯仿/异戊醇（25/24/1，体积比），充分混匀后，12000r/min 离心 3min。

注意：所用苯酚/氯仿/异戊醇有分层，上层是 pH 8.0 的 Tris-HCl 缓冲液，下层才是所需的有机相。

⑥ 小心取出上清液，加入两倍上清液体积的 0℃ 无水乙醇沉淀 DNA。12000r/min 离心 5min 后，小心弃上清液。

⑦ 沉淀用 400μl 0℃ 的 70%（体积分数）乙醇水溶液洗涤两次。每次洗涤后 12000r/min 离心 2min，小心弃上清液。

⑧ 沉淀用电吹风小心吹干或室温晾干后，加入 50μl 无菌 TE 缓冲液或双蒸水重新溶解。

2. 琼脂糖凝胶电泳

① 制胶：称取琼脂糖粉末，置于三角瓶中，加入 TAE 缓冲液配成 1.0% 的浓度，加热使琼脂糖全部溶化于缓冲液中。待胶的温度降至 65℃ 时，立即倒入制胶槽中，插入样品梳。在室温中放置，待凝胶全部凝结后，轻轻拔出样品梳，在凝胶板上即形成相互隔开的加样孔。把凝胶板从制胶槽中取出放入电泳槽，再往电泳槽中加入 1×TAE 电泳缓冲液，直到液面超过凝胶 1～2mm 为止。

② 加样：用微量加样器取 6μl DNA Marker，小心地加到最靠边上的加样孔内。另取 10μl 本实验中制备的 DNA 溶液，加入 1μl 的 10×上样缓冲液，混匀后小心地加到同一凝胶板上相邻的加样孔中。每加完一个样品，换一个吸头。

③ 电泳：接通电源，应注意让 DNA 向正极方向泳动。维持恒压 120V，电泳约 0.5h，

直到溴酚蓝指示剂移动到凝胶底部，停止电泳。

④ 观察：将凝胶板置于254nm波长紫外灯下进行观察和拍摄。DNA存在的位置呈现橙黄色荧光。

五、实验记录

附上凝胶电泳照片并分析结果。

六、注意事项

1. 用电吹风吹干DNA时要小心，注意不要把DNA吹出离心管。

2. 乙醇沉淀及洗涤DNA时，离心后小心倾倒上清液，防止核酸沉淀颗粒同乙醇一起被弃去。

七、预习思考题

DNA提取过程中每一步所使用的试剂各起什么作用？

八、思考题

1. 为什么用冷的70%乙醇清洗DNA？该步骤中主要除去什么杂质？

2. DNA的分子大小与迁移速率的关系如何？

3. 琼脂糖凝胶浓度对DNA电泳有什么影响？

附：本实验所用培养基和试剂

1. LB培养基：蛋白胨10g，酵母粉5g，NaCl 10g，加水至1L，完全溶解后用1mol/L NaOH溶液调pH至7.2～7.4，121℃灭菌20min备用。

2. 裂解缓冲液：20mmol/L NaAc，1mmol/L EDTA，1% SDS，40mmol/L Tris·HCl（pH 8.0），121℃灭菌20min。

3. TE缓冲液：10mmol/L Tris·HCl，0.1mmol/L EDTA，pH8.0，121℃灭菌20min。

4. TAE缓冲液（50×）（pH 8.0）：每升溶液中含有242g Tris，57.1ml冰乙酸，100ml 0.5mol/L EDTA。电泳时用去离子水稀释成1×浓度使用。

5. 25/24/1（体积比）的苯酚/氯仿/异戊醇：在100～200ml的烧杯中，加入2ml异戊醇、48ml氯仿。静置后取100mmol/L的Tris·HCl（pH 8.0）溶液平衡的苯酚（为防止苯酚氧化，上层封有不等量的水层）。用吸头吸取下层的Tris平衡苯酚，尽量不要取到上层溶液。补足到100ml，混匀后，再在上面加入一定量的水层（0.5～1ml高）。移入棕色玻璃瓶中4℃保存。静置后取下层使用。

实验二十二 基本 PCR 技术扩增 DNA 片段

一、实验目的

1. 了解 PCR 技术的基本原理。
2. 掌握进行 PCR 反应的基本操作。

二、实验原理

PCR 是指聚合酶链反应（polymerase chain reaction），它是 20 世纪 80 年代中期发展起来的体外核酸扩增技术。反应的基本过程由变性—退火—延伸三个基本反应步骤构成（图 6-2）。①模板 DNA 的变性：模板 DNA 经加热至 94℃左右一定时间后，DNA 双链解离，成为单链；②模板 DNA 与引物的退火（复性）：温度降至 55℃左右，引物与模板 DNA 单链的互补序列配对结合；③引物的延伸：在 DNA 聚合酶的最佳反应温度下（常用 Taq 酶，最佳反应温度 72℃），模板-引物结合物在 DNA 聚合酶的作用下，以 dNTP 为反应原料，靶序列为模板，按碱基配对与半保留复制原理，合成一条新的与模板 DNA 链互补的半保留复制链。重复循环变性—退火—延伸三过程，就可获得更多的"半保留复制链"，而且这种新链又可成为下次循环的模板。

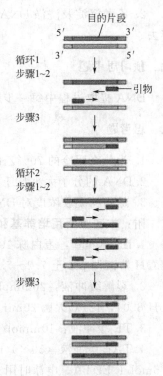

图 6-2 PCR 的基本过程

三、实验器材

1. 仪器及器材

PCR 仪、小型高速离心机、电泳仪、电泳槽、制胶槽、样品梳、微波炉、紫外成像仪、微量移液器（2.5μl、20μl、200μl）、无菌吸头（10μl、200μl）、PCR 管（200μl）、冰浴。

2. 试剂

2×Taq 混合物、上下游引物 P1 及 P2（各 10μmol/L）、待检 DNA 模板（来自实验二十一）、对照 DNA 模板、TAE 缓冲液、琼脂糖、1 kb DNA Marker、双蒸水。

四、实验步骤

1. 引物设计

按照大肠杆菌腺苷脱氨酶的基因设计引物，该基因的长度约 1kb。上下端引物中，分别引入了 EcoR Ⅰ 和 BamH Ⅰ 两种限制性内切酶的酶切位点。上游引物 P1 的序列是 CG-GAATTCAGGAGGTCATGATTGATACCACCCTGCC；下游引物 P2 的序列是 CGCG-GATCCTTATTACTTCGCGGCGACTTTTTC。序列中带下划线的部分为酶切识别位点。

应用微生物学实验

2. PCR 反应混合液的配制

取 4 个 200μl PCR 薄壁管并编号，在 1~4 号 PCR 管内，按表 6-2 依次加入各成分。

表 6-2   4 个 PCR 管中的成分   μl

成分 \ 编号	1号	2号	3号	4号
dd H$_2$O	7.5	8	7.5	7.5
引物 P1	1	1	1	1
引物 P2	1	1	1	1
模板 DNA	阳性对照模板(PT)0.5	0	待测模板 0.5	待测模板 0.5
2×Taq 混合物	10	10	10	10
总体积	20	20	20	20

注：待测模板是实验二十一所获得的大肠杆菌 K12s 基因组的稀释液。

3. PCR 反应

将上述 PCR 小管插入 PCR 仪内，按下列程序运行：94℃预变性 5min，30 个循环（94℃变性 30s；55℃退火 30s；72℃延伸 70s），72℃延伸 5min。

4. 结果检测

从 4 个反应小管内各取 PCR 扩增产物 6μl，在 1.0% 的琼脂糖凝胶中进行电泳分析。为确定扩增产物是否符合设计要求，需选择 DNA 标志物（Marker）进行平行电泳。电泳结束后，在凝胶成像仪上观察和照相、分析。电泳及其结果分析方法同实验二十一。

五、实验记录

记录于表 6-3。

表 6-3   记录 4 个 PCR 管内反应液的电泳结果

附电泳图		1号	2号	3号	4号
	条带数				
	条带大小				
	预期结果				
	结果与预期是否相符				

六、注意事项

1. 注意严格按照顺序往 PCR 反应体系中加入各种试剂。

2. 往 PCR 反应体系中加入新试剂时注意把吸头浸没到液面下并反复吹吸后再把液体放尽。

七、预习思考题

1. PCR 的每个循环由哪些步骤组成？每个步骤中，设置温度和时间有何依据？

2. 在理想情况下，通过本实验，4 个反应小管各可得到怎样的结果？

八、思考题

1. PCR 体系中包含哪些试剂？各起什么作用？

2. PCR 过程中，DNA 的扩增是否可以无限进行？

实验二十三　碱裂解法和试剂盒法提取质粒 DNA

一、实验目的

1. 了解提取质粒的基本方法。
2. 掌握碱裂解法提取质粒的原理和操作过程。
3. 掌握试剂盒法提取质粒的原理和操作过程。

二、实验原理

抽提质粒一般分三步进行：细菌的培养、细菌的收获和裂解、质粒 DNA 的纯化。

本实验采用碱裂解法和试剂盒法两种方法分别提取质粒 DNA。

碱裂解法的基本原理是：收集、裂解含质粒的菌体后，使蛋白质、基因组 DNA 沉淀，而质粒 DNA 留在溶液中，用乙醇再做进一步纯化。

碱裂解法用到了三种溶液：溶液Ⅰ、Ⅱ、Ⅲ，操作体系中依次加入这三种溶液和菌体混合。

溶液Ⅰ中主要成分和作用：①溶菌酶，能水解菌体细胞壁的主要化学成分肽聚糖中的β-1，4-糖苷键，因而具有溶菌的作用。当溶液中 pH 小于 8 时，溶菌酶作用受到抑制。②葡萄糖，增加溶液的黏度，维持渗透压，防止 DNA 受机械剪切力作用而降解。③EDTA，螯合 Mg^{2+}、Ca^{2+} 等金属离子，抑制脱氧核糖核酸酶对 DNA 的降解作用（DNase 作用时需要一定的金属离子作辅基）；EDTA 的存在，同时有利于溶菌酶的作用，因为溶菌酶的反应要求有较低的离子强度的环境。有时，溶液Ⅰ中可不含溶菌酶。

溶液Ⅱ中主要成分和作用：①NaOH，破坏细胞膜，使细胞溶解。②SDS，溶解细胞膜上的脂质与蛋白质，辅助 NaOH 溶解细胞；解聚细胞中的核蛋白；SDS 能与蛋白质结合成为 $R—O—SO_3—R^+$-蛋白质的复合物，使蛋白质变性而沉淀下来。

溶液Ⅲ中主要成分和作用：①KAc，有利于变性的大分子染色体 DNA、RNA 以及 SDS-蛋白质复合物凝聚而沉淀之。前者是因为高浓度离子可以中和核酸上的电荷，减少相斥力而互相聚合；后者是因为钾盐与 SDS-蛋白质复合物作用后，能形成溶解度较小的钾盐形式复合物，使沉淀更完全。②HAc，调节溶液 pH 至中性。在中性 pH 环境下，共价闭合环状的质粒 DNA 的两条互补链迅速而准确地复性，使质粒处于可溶解状态并能稳定存在。而线状的染色体 DNA 的两条互补链彼此已完全分开，不能迅速而准确地复性。同时，中性 pH 环境可以防止基因组 DNA 发生断裂。在低温下操作，可以使沉淀更充分。

试剂盒的前半部分与碱裂解法相类似，也是收集、裂解含质粒的菌体后，使蛋白质、基因组 DNA 沉淀；再使用特殊的硅基柱吸附质粒 DNA，再用洗脱液洗脱。

质粒有三种不同的构型，在进行琼脂糖凝胶电泳时，这三种构型的泳动速度各异（图6-3），但应注意，用本实验获得的质粒应无 L 型出现。

三、实验器材

1. 仪器及材料

三角瓶（250ml）（带硅胶塞）、恒温摇床、离心机、电子天平、电泳仪、电泳槽、制胶

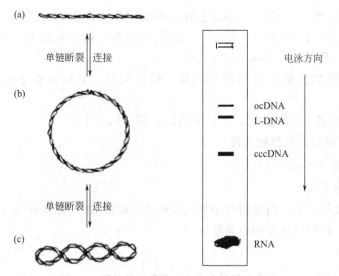

图 6-3 质粒的三种构型和电泳结果示意图

(a) L (linear) 构型；(b) oc (open circlar) 构型；(c) ccc (covalently closed circlar) 构型

槽、样品梳、微波炉、紫外成像仪、微量移液器（20μl、200μl、1000μl）、无菌吸头（200μl、1000μl）、Eppendorf 管（1.5ml）、冰浴。

2. 试剂

LB 培养基、100mg/ml 氨苄西林（Amp）溶液、溶液 I、溶液 II、溶液 III、25/24/1（体积比）的苯酚/氯仿/异戊醇、无水乙醇、TAE 缓冲液、琼脂糖、10×上样缓冲液（loading buffer）、1 kb DNA Marker。

3. 菌种

大肠杆菌 DH5α，含 pUC19 质粒。

四、实验步骤

1. 细菌的培养

在 250ml 三角瓶中装入 50ml LB 培养基，灭菌后加入 Amp 溶液，使其浓度达到 100μg/ml。然后接入大肠杆菌 DH5α（含 pUC19），于 37℃摇床中振摇培养过夜。

2. 碱法抽提质粒

（1）菌体收集

取 1.5～5ml 培养物，在 1.5ml Eppendorf 管中，12000r/min 离心 30s，去掉上清液，并用小吸头尽可能吸干残余液体。若所需培养物体积超过 Eppendorf 管体积（1.5ml），可多步离心，反复弃去上清液。

（2）细菌的裂解和质粒 DNA 的初步纯化

① 菌体沉淀重悬于 100μl 0℃的溶液 I 中，剧烈振荡。

② 加 200μl 新配制的溶液 II。盖紧管口，快速轻柔颠倒 Eppendorf 管 5 次，将 Eppendorf 管放置于冰上。

③ 加 150μl 0℃的溶液 III。盖紧管口，颠倒 Eppendorf 管 6～8 次。

（3）质粒 DNA 的纯化

① 12000r/min 离心 5min，小心将上清液转移到另一 Eppendorf 管中。

② 加等量 25/24/1（体积比）的苯酚/氯仿/异戊醇，剧烈振荡混匀，12000r/min 离心 2min，将上清液转移到另一 Eppendorf 管中。

③ 用 2 倍体积的乙醇于室温沉淀质粒。振荡混合，室温放置 2min，12000r/min 离心 5min。

④ 用 1ml 70％乙醇洗涤质粒，去掉上清液，用热风吹干。

⑤ 以 50μl 无菌双蒸水溶解沉淀。

3. 试剂盒法抽提质粒

（1）吸附柱的平衡

吸附柱放在收集管中，向吸附柱中加入 500μl 平衡液 BL，12000r/min 离心 1min，倒掉收集管中的废液，将吸附柱放回收集管。

（2）菌体收集

见步骤 2（1）。

（3）菌体的裂解和质粒 DNA 的初步纯化

① 菌体沉淀重悬于 250μl 溶液 P1，用吸头反复吹吸以确保混匀。

② 加 250μl 溶液 P2，温和颠倒离心管 6～8 次（裂解步骤，结束后菌液应变得清亮黏稠，所用时间不能超过 5min）。

③ 加 350μl 溶液 P3，立刻温和颠倒离心管 6～8 次。

④ 12000r/min 离心 10min。

（4）质粒 DNA 的吸附

将上清液转移到吸附柱上（吸附柱放入收集管中），12000r/min 离心 1min。弃去收集管中液体，吸附柱放回收集管中。

（5）质粒 DNA 的漂洗

向吸附柱中加入 600μl 漂洗液 PW，12000r/min 离心 1min。弃去收集管中液体，吸附柱放回收集管中。之后再重复漂洗一次。12000r/min 离心 2min，再开盖在室温中放置数分钟，以使残余漂洗液挥发而彻底去除。

（6）质粒 DNA 的溶解和收集

将吸附柱置于一个干净的 Eppendorf 管中，向吸附柱的中间部位滴加 50μl 无菌双蒸水，室温放置 2min，使 DNA 彻底洗脱，12000r/min 离心 1min。

4. 质粒 DNA 的电泳检测

取得到的质粒溶液 5μl，加 1～2μl 溴酚蓝-甘油上样缓冲液，在 1.0％的琼脂糖凝胶中进行电泳分析。同时取 6μl DNA Marker 进行平行电泳。剩余的质粒溶液置于－20℃保存。电泳结束后，在凝胶成像仪上观察和照相、分析。

碱法抽提得到的质粒样品中不含线性 DNA，经电泳后在多数情况下也能看到三个条带，以电泳速度从快到慢排序，分别是超螺旋、缺口环状和复制中间体（即没有复制完全的两个质粒连在了一起）。

五、实验记录

记录于表 6-4。

表 6-4　4 个样品的电泳结果记录表

（本实验所抽提的 pUC19 质粒大小为 2686bp，比较实验结果和预期结果是否有差异）

		碱法 1	碱法 2	试剂盒 1	试剂盒 2
附电泳图	条带数				
	条带大小				
	预期结果				
	结果与预期是否相符				

六、注意事项

1. 加入溶液 Ⅱ 后要快速操作，柔和混合；加入溶液 Ⅲ 后应柔和混合。不然最后得到的质粒上总会有大量的基因组 DNA 混入，琼脂糖电泳可以观察到一条浓浓的总 DNA 条带。

2. 乙醇沉淀及洗涤质粒时，离心后小心倾倒上清液，防止核酸沉淀颗粒同乙醇一起被弃去。

七、预习思考题

碱法抽提质粒中，溶液 Ⅰ、Ⅱ、Ⅲ 各含什么成分，所起的作用各是什么？为什么加入溶液 Ⅱ 后，要在 5min 内加入溶液 Ⅲ？如果时间过长会有什么后果？

八、思考题

1. 碱法抽提质粒加溶液 Ⅲ 后发生什么现象？为什么？

2. 抽提的质粒 DNA 溶液中还可能有什么物质？为什么会存在？

附：本实验所用培养基和试剂

1. LB 培养基：蛋白胨 10g，酵母粉 5g，NaCl 10g，加蒸馏水至 1L，完全溶解后 121℃ 灭菌 20min 备用。

2. 100mg/ml Amp 溶液：用无菌水配制。配制后置于 −20℃ 环境，用前充分解冻，用后及时保存。

3. 溶液 Ⅰ：50mmol/L 葡萄糖、25mmol/L Tris-HCl（pH8.0）、10mmol/L EDTA（pH8.0）；溶液 Ⅰ 可成批配制，在 121℃ 灭菌 20min 后，加入溶菌酶至 1mg/ml，完全溶解后储存于 4℃。

4. 溶液 Ⅱ：0.2mol/L NaOH（临用前用 10mol/L 储存液现用现稀释）、1％ SDS。

5. 溶液 Ⅲ：5mol/L KAc 60ml、HAc 11.5ml，补水到 100ml。所配成的溶液中，钾离子浓度是 3mol/L，醋酸根浓度是 5mol/L。

实验二十四　DNA 分子的限制性内切酶消化、片段纯化、连接

一、实验目的

1. 掌握限制性内切酶的作用原理。
2. 了解影响限制性内切酶作用的因素。
3. 掌握连接酶作用的原理和影响因素。

二、实验原理

限制性内切酶（restriction endonuclease）是一类能识别双链 DNA 分子中特定碱基序列的核酸水解酶，简称限制酶或内切酶。Ⅱ型限制性内切酶是构成商业化酶的主要部分。绝大多数Ⅱ型限制酶识别长度为 4～6 个核苷酸的回文对称特异核苷酸序列（如图 6-4），有少数酶识别更长的序列或简并序列。在基因工程中应用最多的Ⅱ型酶的切割位点在对称轴一侧，产生带有单链突出末端的 DNA 片段，被称为黏性末端。

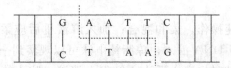

图 6-4　*Eco*R Ⅰ酶切割的核苷酸序列

DNA 消化反应的温度，是影响限制性内切酶活性的一个重要因素。不同的限制性内切酶，具有各自的最适反应温度。多数限制性内切酶的最适反应温度是 37℃，少数限制性内切酶的最适反应温度高于或低于 37℃。酶的活性过低或用量过少或作用时间过短会造成 DNA 底物的不完全消化，可以通过延长酶切时间和增加酶的用量来使其消化完全。较常见的问题是保存或使用不当造成酶活的下降。

经纯化后的限制性内切酶制剂，通常溶解于含有 50％甘油的缓冲液中。大部分酶应储存于−20℃，少部分酶则须在−70℃长期保存。储存在−20℃下，由于有高浓度甘油的存在，酶溶液不会冰冻，可以长期保存而活性不降或微降。储存酶的温度如果低于−20℃，可能使 50％甘油液冰冻。酶液的反复冻融会导致酶蛋白高级结构的严重破坏，从而使酶失活。在日常使用中，限制性内切酶一旦拿出冰箱后应当立即置于冰上，防止较高的温度使酶失活。酶的用量也并非越多越好，有些限制性内切酶在用量过多或作用时间过长的情况下，特异性下降，会切割除识别位点以外的位点。

如果需要用两种限制性内切酶对一 DNA 底物进行消化，若两种酶可以在同一缓冲液中达到最佳酶切效率，两种酶的消化可以在同一反应体系中同时进行；若没有一种缓冲液可以使两种酶同时达到最佳酶切效率，就要先用一种酶进行消化，结束后纯化，再用另一种酶消化。

在基因工程操作中，将质粒载体与目的基因分别进行酶切后，还需要将两者连接起来。这就需要用到 DNA 连接酶。

最常见的连接反应是外源 DNA 片段和线状质粒载体的连接，也就是在双链 DNA 5′磷

酸和相邻的 3′羟基之间形成的新的共价链。为了获得好的连接效果，一般线性载体 DNA 分子与外源 DNA 分子摩尔比为 1:(1~5)。

因为黏性末端的 DNA 双链间有氢键的作用，所以温度过高会使氢键不稳定，但连接酶的最适温度又恰为 37℃。为了解决这一矛盾，在经过综合考虑后，传统上将连接温度定为 16℃，时间为 4~16h。

本实验用两种 DNA 底物分别进行 Nde Ⅰ 和 BamH Ⅰ 的双酶切，进行简单纯化后用 T4 连接酶进行连接。所用的两种 DNA 底物，一种是实验二十二获得的 PCR 产物的纯化物；另一种是实验二十三获得的 pUC19 质粒。

三、实验器材

1. 仪器及材料

恒温水浴锅、离心机、电子天平、电泳仪、电泳槽、制胶槽、样品梳、微波炉、紫外成像仪、微量移液器（2.5μl、20μl、200μl）、无菌吸头（10μl、200μl）、Eppendorf 管（1.5ml、200μl）、冰浴。

2. 试剂

限制性内切酶、10×K 缓冲液、T4 连接酶、10×T4 缓冲液、质粒 pUC19（来自实验二十三）、PCR 扩增产物（来自实验二十二，经纯化）、DNA 纯化回收试剂盒、双蒸水、TAE 缓冲液、琼脂糖、10×上样缓冲液。

四、实验内容

1. 限制性内切酶对 DNA 的消化

① 在 2 个无菌 1.5ml Eppendorf 管中，依次加入表 6-5 的组分。

表 6-5
μl

	1号	2号
底物 DNA	(pUC19 质粒)24	(PCR 扩增产物)24
10×K 缓冲液	3	3
EcoR Ⅰ酶	1.5	1.5
BamH Ⅰ酶	1.5	1.5
总体积	30	30

用手指轻弹管壁使溶液混匀，可用离心机短暂离心，使溶液集中在管底。

② 将离心管置于浮子上，37℃水浴保温 1.5h，使酶切反应完全。

③ 将反应管在 65℃水浴放置 5min，以灭活限制性内切酶活性，终止反应。

④ 酶切产物的简单纯化。

a. 电泳：往 30μl 酶切产物中加入 3μl 上样缓冲液，混匀后全部加入到已制好的琼脂糖凝胶的加样孔中，电泳。

b. 割胶：将凝胶板置于紫外灯下进行观察和拍摄。用干净的刀片把所需回收的 DNA 条带切下。称重。

c. 溶胶：加 3 倍体积的溶胶溶液 DD。56℃水浴放置 10min，每 2~3min 涡旋振荡一次帮助加速溶解。

　　d. 过柱：将所得溶液加入吸附柱中（吸附柱放入收集管中），室温放置 1min，12000r/min 离心 30s，倒掉收集管中的废液。

　　e. 漂洗：加入 700μl 漂洗液 WB，12000r/min 离心 30s，弃掉废液；再加入 500μl 漂洗液 WB，12000r/min 离心 30s，弃掉废液。

　　f. 吸附柱放回空的收集管中，12000r/min 离心 2min。

　　g. 洗脱 DNA：将吸附柱放入新的洁净的 1.5ml 离心管中，在吸收膜的中间部位加入 20μl 洗脱液，室温放置 2min，12000r/min 离心 1min。重新吸出洗脱液，滴在吸收膜的中间部位，室温放置 2min 后 12000r/min 离心 1min。

　　2. 质粒和外源 DNA 的连接

　　在 200μl PCR 管内，按照顺序加入表 6-6 成分。

表 6-6　　　　　　　　　　　　　　　　　　　　　　　　　　　　　μl

PCR 产物双酶切产物	6
pUC19 双酶切产物	2
10×T4 缓冲液	1
T4 连接酶	1
总体积	10

　　将 PCR 管置于 PCR 仪中，16℃保温过夜。

五、实验记录

　　比较酶切产物电泳结果和预期结果是否存在差异。

六、注意事项

　　1. 使用限制性内切酶和连接酶时，从 −20℃ 冰箱中取出酶，立即放置于冰上。每次取酶时都应更换一个无菌吸头，以免酶被污染。加酶的操作尽可能快，用完后立即将酶放回 −20℃ 冰箱。

　　2. 进行酶反应前，必须使反应液充分混合。可以用微量移液器反复吸取混合，或是用手指轻弹管壁混合，然后再快速离心一下即可。

七、预习思考题

　　已知 T4 连接酶在 37℃ 时活性最高，为什么用该酶催化的 DNA 连接反应一般却在 16℃ 进行？

八、思考题

　　1. 限制性内切酶切割实验中，酶切的时间过长或过短对酶切效果有何影响？

　　2. 影响连接酶作用效果的因素主要有哪些？

实验二十五　感受态细胞的制备

一、实验目的

学习氯化钙法制备大肠杆菌感受态细胞的方法。

二、实验原理

只有感受态细胞才能实现高效的转化。所谓的感受态就是细胞膜的通透性发生变化，成为能允许外源 DNA 分子通过时细胞的状态。普通细胞需要经过处理才能转变为感受态细胞（competent cell）。

大肠杆菌感受态细胞有多种制备方法。目前，最常用的方法是 $CaCl_2$ 处理法，即用低渗 $CaCl_2$ 溶液在低温（0℃）时处理快速生长的细菌，从而获得感受态细菌。此时细菌膨胀成球形，外源 DNA 分子在此条件下易形成抗 DNA 酶的羟基-钙磷酸复合物黏附在细菌表面。再通过热激作用可促进细胞对 DNA 的吸收。转化效率可达 $10^6 \sim 10^7$ 转化子/μg DNA。该方法的关键是选用的细菌必须处于对数生长期，实验操作必须在低温下进行。

三、实验器材

1. 仪器及材料

分光光度计、比色皿、恒温摇床、离心机、电子天平、微量移液器（20μl、200μl、1000μl）、无菌吸头（200μl、1000μl）、Eppendorf 管（1.5ml）、冰浴。

2. 试剂

液体 LB 培养基、$CaCl_2$。

3. 菌种

大肠杆菌 DH5α。

四、实验步骤

① 按 1%的接种量将新鲜大肠杆菌 DH5α 菌液接种于 50ml LB 培养基中。

② 37℃恒温摇床培养约 2h（使 OD_{600}＝0.5，空白对照用 LB 培养液）。

③ 在 1.5ml 离心管中加入 1.2ml 菌液，置冰水浴 20min。

④ 4℃，6000r/min 离心 10min 后弃上清液。

⑤ 用 120μl 0℃的 100mmol/L $CaCl_2$ 悬浮菌体，冰浴 30min，4℃，4000r/min 离心 10min，弃上清液（转速不应过高）。

⑥ 重复步骤⑤一次。

⑦ 加入 0℃的 100mmol/L $CaCl_2$ 84μl 和 50％甘油 36μl（甘油终浓度为 15％）悬浮菌体，冰水浴放置 2h，迅速置－80℃冰箱冷冻保藏。

五、注意事项

1. 制备感受态细胞，在细胞的培养过程中，注意严格监控 OD_{600} 的变化，防止细胞过度生长。

2. 注意制备感受态细胞过程的无菌操作。

3. 制备过程中应注意保持细胞的低温状态。

4. 转化实验严格控制热激活温度和时间。

5. 感受态细胞壁受损，较脆弱，在制备感受态细胞和转化过程中注意温和操作，防止细胞破裂死亡。

六、预习思考题

为什么感受态细胞的制备过程要注意温和操作？

七、思考题

制备感受态细胞为何要在低温下进行？

应用微生物学实验

实验二十六　重组 DNA 转化宿主细胞

一、实验目的

1. 了解转化的概念及其在分子生物学研究中的意义。
2. 学习将外源质粒 DNA 转入受体菌细胞并筛选转化体的方法。

二、实验原理

转化（transformation）是将异源 DNA 分子引入另一细胞品系，使受体细胞获得新的性状的一种手段，它是微生物遗传、分子遗传、基因工程等研究的基本实验技术。

DNA 分子转化进入受体菌的过程如下：①吸附，完整的 DNA 分子吸附在受体菌的表面；②转入，双链 DNA 分子解链，单链 DNA 进入受体菌，另一条链降解；③自稳，外源质粒 DNA 分子在细胞内又复制成双链环状 DNA；④表达，供体基因随同复制子同时复制，并被转录转译。

感受态细胞经过转化后，就成为转化细胞（transformant），也可以被称为转化子。也就是带有异源 DNA 分子的受体细胞。

本实验用的载体 DNA 为质粒 pUC19（图 6-5），所使用的受体细胞为大肠杆菌 DH5α。pUC19 含氨苄西林（Amp）的抗性基因（Amp^r 基因），若经过转化的菌株能在含有 Amp 的平板上生长，说明该菌株获得了 pUC19 质粒。

另外，pUC19 及许多其他载体都带有一个 *lacZ* 基因的调控序列和前 146 个氨基酸的编码信息，编码 α-互补肽，该肽段能与 DH5α 编码的缺陷型 β-半乳糖苷酶实现基因内互补（α-互补）。当 pUC19 转入 DH5α 细胞中时，在异丙基硫代-β-D-半乳糖苷（IPTG）的诱导下，宿主可同时合成这两种肽段，虽然它们各自都没有酶活性，但它们可以融为一体形成具有酶活性的蛋白质。这种现象被称为 α-互补现象。由互补产生的 α-半乳糖苷酶（LacZ）能够作用于生色底物 5-溴-4-氯-3-吲哚-β-D-半乳糖苷（X-gal）而产生蓝色的菌落。利用这个特点，在 pUC19

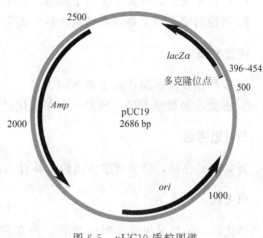

图 6-5　pUC19 质粒图谱

的 *lacZ* 基因编码序列之间人工放入一个多克隆位点，当插入一个外源 DNA 片段时，会造成 *lacZ* 基因的失活，破坏 α-互补作用，就不能产生具有活性的酶。所以，有重组质粒的菌落为白色；反之，蓝色菌落代表该菌株获得的是未插入外源基因的空质粒。

三、实验器材

1. 仪器及材料

恒温水浴锅、恒温培养箱、涂布器、培养皿、离心机、电子天平、微量移液器（20μl、

200μl、1000μl)、无菌吸头（200μl、1000μl）、Eppendorf 管（1.5ml）、冰浴。

2. 试剂

重组质粒 DNA（来自实验二十三）、LB 培养基（液体、固体）、氨苄西林（Amp）、IPTG、X-gal。

3. 菌种

大肠杆菌 DH5α 感受态细胞（来自实验二十五）。

四、实验步骤

① 取 3 管大肠杆菌感受态细胞置于冰浴上，其中 2 管内各加入 5μl 连接物（来自实验二十四），另外 1 管作为阳性对照，加入 1μl pUC19 质粒溶液。加入溶液后，轻轻混匀，在冰浴中放置 60min。

② 冰浴期间准备平板：LB 固体培养基熔化后，冷却至 50℃ 左右时，每 100ml 中添加 100mg/ml AMP 100μl、48mg/ml IPTG 100μl、20mg/ml X-gal 200μl。混匀后铺制平板。

③ 取冰浴上的离心管，5000r/min 离心 5min。吸去大部分上清液，残留 100μl 左右，再用枪头反复吹吸，使之成为细胞悬液，涂布在平板上。

④ 平板倒置于 37℃ 培养箱内培养 12～16h，挑选不产蓝色色素的白色单菌落，初步确定为所需转化子。挑选 4 个转接到新的平板上。

五、实验记录

1. 转化平板上，得到了多少个菌落？其中，白色的、蓝色的各有多少个？
2. 阳性对照平板上是否有菌落出现？如果有，数量是多少？

六、注意事项

1. 应严格控制热激活温度和时间。
2. 感受态细胞壁受损，较脆弱，在转化过程中注意温和操作，防止细胞破裂死亡。

七、预习思考题

要实现 α-互补，除了要求在质粒上具有 *lacZ* 基因外，对转化的宿主菌有什么要求？

八、思考题

转化后，如果平板培养时间延长，会在阳性菌落附近出现许多小的"卫星菌落"，为什么？

第七章
微生物检测和鉴定

开发和利用微生物资源对人类社会的发展具有重要意义。要认识、利用地球上存在的数量庞大的微生物资源，首要任务之一就是对微生物进行分类。微生物的分类鉴定就是根据一定的原则对微生物进行分群归类，根据相似性或相关性高低排成系统，并对各个类群的特征进行描述，以便达研究的目的。常用的微生物分类鉴定的方法有：①常规鉴定，常规鉴定的内容有形态特征和理化特性。形态特征包括显微形态和培养特征；理化特性包括营养类型、碳源和氮源利用能力、各种代谢反应、酶反应和血清学反应等。②细胞组分水平，比如对细胞壁、脂类、醌类、氨基酸等成分进行分析。③核酸鉴定，应用分子生物学方法，从遗传进化角度阐明微生物种群之间的分类学关系，是目前微生物分类学研究普遍采用的鉴定方法。包括 GC 含量测定、核酸序列分析、全基因组测序等。④功能性分析及功能基因，将功能酶和看家基因用于微生物菌种鉴定，主要是可在某些种、亚种、株间形成较好的分辨效果。随着生命科学、物理学、化学的发展以及分析检测技术手段、计算机技术的进步，微生物检测和鉴定方法有了很大的飞跃，朝着自动化、快速化、标准化的方向发展。比如：①BIOLOG碳源自动分析鉴定，BIOLOG 鉴定系统以微生物对不同碳源的利用情况为基础，检测微生物的特征指纹图谱，建立与微生物种类相对应的数据库。通过软件将待测微生物与数据库参比，得出鉴定结果。②API 细菌数值鉴定系统，API 鉴定系统涵盖 15 个鉴定系列，约有 1000 种生化反应，目前已可鉴定超过 600 种的细菌。鉴定过程中，可根据细菌所属类群选择适当的生理生化鉴定系列，通过软件将待测细菌与数据库参比，得出鉴定结果。本章主要介绍传统的生理生化实验、利用细菌 16Sr RNA 序列进行鉴定的实验以及快速标准化的 API 鉴定系统。

实验二十七　微生物的营养及生理生化反应

一、实验目的

1. 了解微生物常用生理生化反应的原理及在菌种鉴定中的作用。
2. 掌握微生物常见生理生化反应的操作方法。

二、实验原理

　　微生物必须从周围环境中摄取必要的养料，才能生长繁殖。假如它们在某一种培养基上不能生长，一般就说明该种培养基中缺少某些（一种或数种）必需的养料。了解了微生物所需的养料，我们就能更好地从自然界分离这种微生物，并在实验室进行纯培养研究，以便进一步控制其生命活动。

　　由于各种微生物的新陈代谢类型不同，因此对各种营养物质利用后所产生的代谢产物也不同。可利用化学方法来测定微生物的代谢产物，这种反应即称为生理生化反应。对微生物生化反应的测定是微生物分类鉴定的重要依据之一。

　　1. 微生物对碳源的利用

　　细菌在代谢过程中，进行各种生化反应。通过了解不同细菌对不同碳源的分解利用情况，可以认识微生物代谢类型的多样性。此外，了解细菌分解利用碳源的反应在细菌的分类鉴定中极为重要。

　　① 微生物的糖发酵实验：某些菌能分解某些单糖或双糖，产酸和产气或只产酸不产气。酸和气体的产生与否，可以在培养后观察试管中指示剂颜色变化和杜氏小管内有无气泡来判断。

　　② V. P. 实验：某些细菌生长于葡萄糖蛋白胨水培养基中，能分解葡萄糖产生乙酰甲基甲醇（3-羟基-2-丁酮），如加入强碱液，即与空气中氧起作用产生二乙酰，后者与蛋白胨中的胍基作用呈红色称阳性反应，无此反应则称阴性反应。

　　③ 甲基红实验：某些菌在葡萄糖蛋白胨水培养基中能产生大量的酸，使 pH 降低，若加入甲基红指示剂，则能反映出酸度变化情况。

　　④ 淀粉分解试验：许多微生物能水解淀粉。淀粉被水解后，遇碘不再呈蓝色。

　　2. 微生物对氮源的利用

　　不同细菌对含氮化合物的分解能力、代谢途径和代谢产物不完全相同。例如，某些细菌可以分解色氨酸产生吲哚，分解含硫氨基酸产生硫化氢，分解氨基酸产氨，将苯丙氨酸氧化脱氨形成苯丙酮酸，以及某些细菌分解硝酸盐为亚硝酸，或进一步还原成氨或氮等。微生物对含氮化合物的分解利用特征也是菌种鉴定的重要依据。

　　① 硫化氢试验：某些菌能分解蛋白质中的含硫氨基酸如胱氨酸、半胱氨酸、甲硫氨酸等产生硫化氢，后者与柠檬酸铁铵作用生成黑色硫化亚铁沉淀，从而断定硫化氢的产生与否。

　　② 吲哚反应：某些菌能分解色氨酸产生吲哚，吲哚可与对二甲基氨基苯甲醛结合，形成红色的玫瑰吲哚。这是鉴定菌种的重要生化反应之一。

　　3. 微生物对牛乳的利用：石蕊牛乳试验

　　牛乳中常含有蔗糖、乳糖、蛋白质酪素、酪蛋白等成分。微生物对牛乳的利用主要是指对乳糖和酪蛋白的分解作用。牛乳中常加入石蕊作酸碱指示剂和氧化还原剂。微生物对牛乳的利用可分为三种情况。

① 酸凝固作用：某些菌能发酵乳糖后产生许多有机酸使石蕊变红。如因产生多量的酸而使牛乳中蛋白质发生凝固。

② 凝乳酶凝固作用：某些菌能分泌凝乳酶，使牛乳中的酪蛋白凝固。通常此类微生物还具有水解蛋白质的能力，把蛋白质分解成胺或氨，从而使牛乳变碱，石蕊呈紫色或蓝色。

③ 胨化作用：酪蛋白被水解变得清亮而透明，胨化作用可以在酸性或碱性条件下进行，且常使石蕊被还原而脱色。

4. 硝酸盐还原试验

某些菌具有还原能力，将硝酸盐还原成亚硝酸盐或氨。亚硝酸盐的产生可通过化学方法检定。

三、实验器材

1. 菌种

大肠杆菌（*Escherichia coli*），圆褐固氮菌（*Azotobacter chroococcum*），产气肠杆菌（*Enterobacter aerogenes*），枯草芽孢杆菌（*Bacillus subtilis*），普通变形杆菌（*Proteus vulgaris*）等。

2. 培养基

合成培养基，缺糖、缺氮、缺磷培养基，糖发酵培养基，葡萄糖蛋白胨水培养基，硝酸盐培养基，硫化氢培养基，蛋白胨水培养基，淀粉培养基，牛乳培养基等。

3. 试剂

V. P. 试剂，甲基红指示剂，吲哚试剂，硝酸盐还原剂甲、乙。

4. 其他

恒温培养箱，高压蒸汽灭菌锅等。

四、实验步骤

1. 各种营养元素对微生物生长的影响

取合成、缺氮、缺糖、缺磷斜面培养基各 2 支，分别接种自生固氮菌和大肠杆菌。大肠杆菌置 37℃恒温培养箱中培养，圆褐固氮菌置 28℃恒温培养箱中培养，48h 后观察结果。

2. 微生物对碳源的利用

（1）微生物的糖发酵实验

取葡萄糖和乳糖发酵管各 2 支，分别接种大肠杆菌和普通变形杆菌，编号后置 37℃恒温培养箱中培养 24h。经培养后的培养基呈黄色者表示中性或碱性，呈红色者表示酸性，同时观察杜氏小管内有无气泡产生，如图 7-1 所示。

（2）V. P. 反应（Voges-Proskauer test）

取葡萄糖蛋白胨水培养基 2 支，分别接种大肠杆菌和产气肠杆菌，编号后置 37℃恒温培养箱中培养 24h。取出后加入 10 滴 10%KOH，再加入与培养基等量的 V. P. 试剂，用力振荡，再置 37℃保温 30min，呈红色者为阳性，不呈红色者为阴性。

（3）甲基红试验

取葡萄糖蛋白胨水培养基 2 支，分别接种大肠杆菌和产气肠杆菌，编号后置 37℃恒温培养

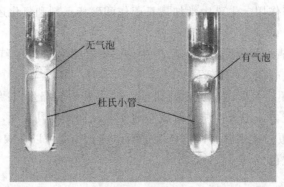

图 7-1　杜氏小管图

（有气泡，说明发酵过程产气；无气泡，说明发酵过程不产气）

箱中培养 24h。取出后沿管壁加入甲基红指示剂数滴，上层呈红色则为阳性，黄色则为阴性。

（4）淀粉分解实验

① 取淀粉培养基，倒入无菌培养皿中，待凝后，分别接种大肠杆菌和枯草杆菌，编号后置于 37℃ 培养 24h。

② 取出后加碘液于培养皿内，如细菌能分解淀粉则菌落周围无蓝色圈出现，否则蓝色出现者为阴性。

3. 微生物对氮源的利用情况

（1）硫化氢实验

取柠檬酸铁铵培养基 2 支，分别接种大肠杆菌和普通变形杆菌，编号后置 37℃ 恒温培养箱中培养 24h，取出后观察有无黑色 FeS 沉淀出现。

（2）吲哚反应

取蛋白胨水培养液 2 支，分别接种大肠杆菌和产气肠杆菌，编号后置 37℃ 恒温培养箱中培养 24h，取出后加入吲哚试剂 5 滴，有红色环出现者为阳性，黄色者为阴性。

4. 石蕊牛乳试验

取石蕊牛乳培养基 2 支，编号后接种普通变形杆菌和大肠杆菌，28℃ 培养 7 天。取出后观察结果。

5. 硝酸盐还原试验

取硝酸盐培养基 2 支，分别接种大肠杆菌和枯草杆菌，编号后 37℃ 培养 48h。取出后加入硝酸盐还原剂甲 2 滴，再加入 5 滴硝酸盐还原剂乙，如有显著的红色反应产生即为阳性反应。

五、实验记录

实验记录见表 7-1。

表 7-1　微生物生理生化反应记录表

实验	所用培养基	大肠杆菌	圆褐固氮菌	产气肠杆菌	枯草芽孢杆菌	普通变形杆菌
各种营养元素对微生物生长的影响	合成培养基			—	—	—
	缺磷培养基					—
	缺糖培养基			—	—	
	缺氮培养基			—	—	

实验	所用培养基	大肠杆菌	圆褐固氮菌	产气肠杆菌	枯草芽孢杆菌	普通变形杆菌
微生物对碳源的利用	糖发酵实验（葡萄糖）		—	—	—	
	糖发酵实验（乳糖）		—	—		
	V.P.反应		—	—		
	甲基红试验		—			
	淀粉分解实验		—			
微生物对氮源的利用情况	硫化氢实验					
	吲哚反应		—			
微生物对牛奶的利用	石蕊牛乳试验	—				
硝酸盐还原试验	硝酸盐培养基		—	—		—

六、注意事项

1. 在糖发酵实验中，接种之后应缓慢摇动试管，使其均匀，同时应防止杜氏小管内进入气体，从而造成假阳性现象。

2. 在吲哚实验中所使用的蛋白胨水培养基其蛋白胨中色氨酸的含量要比较高，比如用胰蛋白胨。

3. 甲基红实验中，应当注意甲基红试剂不能加得太多，以免出现假阳性。

4. 淀粉水解实验中，加入碘液后应轻轻旋转平板，使得碘液均匀铺满整个平板。

5. 在利用上述实验做未知细菌的生理生化鉴定时，应做好阴性、阳性和空白对照。且每个实验做三个平行。

七、预习思考题

检索一篇关于微生物鉴定的科研论文，并阐述该鉴定中涉及了哪些生理生化实验。这些实验在说明微生物代谢特点上有哪些作用？

八、思考题

1. 微生物碳源谱的测定在微生物菌种鉴定中有哪些作用？

2. 如何解释微生物淀粉酶是胞外酶而不是胞内酶？

3. 如果不用碘液，你能否证明淀粉水解作用的存在？

4. 解释本实验中所涉及的生理生化反应的原理。

实验二十八　应用 API-20E 细菌鉴定系统鉴定肠杆菌科和部分其他革兰氏阴性杆菌

一、实验目的

1. 了解 API-20E 细菌鉴定系统鉴定菌种的原理。
2. 掌握用该系统进行肠杆菌科和部分其他革兰氏阴性杆菌的鉴定方法。

二、实验原理

API 系统是 Analytica Products INC 的简称，是法国生物-梅里埃公司生产的细菌数值分类分析鉴定系统，该系统约有 1000 种生化反应，可鉴定的细菌大于 550 种。鉴定过程中，可根据细菌所属类群选择适当的生理生化鉴定系列，通过软件将待测细菌与数据库参比，得出鉴定结果。

API-20E 系统的鉴定卡是一块有 20 个分隔室的塑料条，如图 7-2 所示，分隔室由相连通的小管和小杯组成。针对各种微生物的生理生化特性差异，各小管中加有不同的脱水培养基、试剂或底物等，每一分隔室可进行一种生化反应，个别的分隔室可进行两种反应，主要用来鉴定肠杆菌科的细菌。

实验时加入待鉴菌的菌液，在 37℃ 恒温培养 18～24h，观察鉴定卡上各项反应。根据反应结果（某些反应需加入相应试剂后再观察）进行编码。然后查编码本，判断被鉴定细菌的鉴定结果。

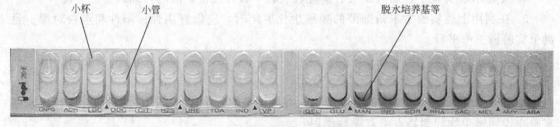

图 7-2　API-20E 细菌鉴定系统的鉴定卡

三、实验器材

① API-20E 鉴定卡，牛肉膏蛋白胨培养基（见附录Ⅱ），无菌滴管，James、TDA、VP1 和 VP2 试剂，待测菌种。
② 恒温培养箱。

四、实验步骤

1. 菌悬液制备

将预先活化的待鉴菌接种到牛肉膏蛋白胨琼脂培养基斜面上，37℃ 恒温培养 18～24h 后，挑取待鉴菌的菌苔于 5ml 生理盐水中，配制成浓度不小于 1.5×10^8 个/ml 的菌悬液，混合均匀（用 MacFarland 比浊管进行比较）。

2. 鉴定卡作标记

将 API-20E 鉴定卡的密封膜拆开，在该卡上注明菌株号、日期和试鉴者。

3. 接种（图 7-3）

用无菌细滴管吸上述菌悬液，并沿分隔室的小管内壁稍倾斜、缓缓地加入小管中。若鉴定卡上的试验名称下无任何标记，则加入菌悬液至"半满"（即小管满、小杯空）；试验名称加有方框的，则加菌液至"平满"，即小管和小杯皆满；试验名称下有一条横线的，则应加菌液至"半满"后，在小杯中加液体石蜡（加菌液时注意不能产生气泡，如有，则轻轻摇动除去，勿用吸有菌液的细滴管除去气泡）。

4. 培养

在培养盒中先加入约 5ml 的无菌水，然后将接种的鉴定卡放入培养盒中，盖上盖子，并将该盒置于 37℃ 培养箱中。

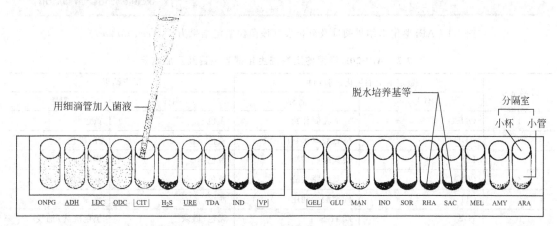

图 7-3　API 鉴定卡接种示意图

5. 观察和记录生化反应结果

接种的鉴定卡培养 18～24h 后，在标有 IND、TDA 和 VP 的小杯中分别加入 James、TDA、VP1 和 VP2 试剂。观察鉴定卡上被鉴菌的各项反应的变色情况，根据 API-20E 细菌鉴定系统生化试验项目及反应结果（如表 7-2 所示）和结果阅读及分析表，确定各项反应的结果，并作记录。

6. 编码及检索

（1）编码

根据鉴定卡上反应项目的顺序，以三个反应项目为一组，共编为 7 组。每组中每个反应项目定为一个数值，依次为 1、2、4。各组中阳性反应记作"＋"，记下其所定的数值。阴性反应者记作"－"，记作 0。每组中的数值相加，便是该组的编码数。这样便形成 7 位数字的编码。如图 7-4 所示，示意菌株的鉴定结果为 *Escherichia coli*。

（2）检索

根据上述编码结果，查阅编码本检索，最终将被鉴菌株鉴定到适当的种。

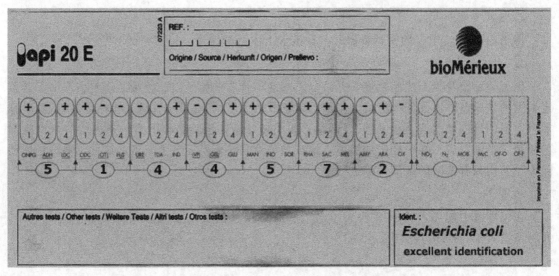

图 7-4 API 鉴定卡结果阅读及分析表（该菌株鉴定结果为 *Escherichia coli*）

表 7-2 API-20E 细菌鉴定系统生化试验项目及反应结果

分隔室号	鉴定卡上的生化试验项目		反应结果	
	代号	名称	阴性	阳性
1	ONPG	β-半乳糖苷酶	无色	黄色①
2	ADH	精氨酸双水解酶	黄色	红/橙色②
3	LDC	赖氨酸脱羧酶	黄色	橙色
4	ODC	鸟氨酸脱羧酶	黄色	红/橙色②
5	CIT	柠檬酸盐利用	淡绿/黄	蓝绿/蓝
6	H₂S	产 H₂S	无色/微灰	黑色沉淀/细线
7	URE	脲酶	黄色	红/橙色
8	TDA	色氨酸脱氨酶	黄色	红紫
9	IND	吲哚形成	淡绿黄	红
10	VP	V. P. 试验	无色(VP1、VP2/10min)	红
11	GEL	明胶酶	黑色素不溶	黑色素溶解
12	GLU	葡萄糖产酸	蓝/蓝绿	黄色
13	MAN	甘露醇产酸	蓝/蓝绿	黄色
14	INO	肌醇产酸	蓝/蓝绿	黄色
15	SOR	山梨醇产酸	蓝/蓝绿	黄色
16	RHA	鼠李糖产酸	蓝/蓝绿	黄色
17	SAC	蔗糖产酸	蓝/蓝绿	黄色
18	MEL	蜜二糖产酸	蓝/蓝绿	黄色
19	AMY	苦杏仁苷产酸	蓝/蓝绿	黄色
20	ARA	阿拉伯糖产酸	蓝/蓝绿	黄色
21	OX③	细胞色素氧化酶	无色(OX/1~2min)	紫色

① 淡黄可考虑为阳性。

② 培养 24h 后,橙色应记作阴性。

③ API-20E 鉴定卡上无此室,可采用说明书中方法另行测试。

五、实验记录

记录于表 7-3。

表 7-3　利用 API-20E 鉴定未知细菌的结果记录表

室号	1	2	3	4	5	6	7	8	9	10	11	12	13	14	15	16	17	18	19	20	21
项目	ONPG	ADH	LDC	ODC	CIT	H_2S	URE	TDA	IND	VP	GEL	GLU	MAN	INO	SOR	RHA	SAC	MEL	AMY	ARA	OX
定值	1	2	4	1	2	4	1	2	4	1	2	4	1	2	4	1	2	4	1	2	4
结果																					
数值																						
编码																						
检索结果																						

六、注意事项

1. 待鉴定的菌株必须是纯种。

2. 利用 API 鉴定微生物时，需要预先做形态观察和简单的染色或生理生化反应，以便选择合适的鉴定卡进行鉴定。

3. 实验操作加菌液时，要避免形成气泡，如果有气泡，则需要轻轻摇动除去。

七、预习思考题

检索 API 鉴定卡的产品说明，了解目前能利用 API 鉴定的微生物的类别以及它的鉴定精度为属还是种？

八、思考题

1. API 鉴定卡的设计原理是什么？

2. API 鉴定卡的优点和缺点是什么？

实验二十九　以细菌 16S rRNA 序列和真菌 ITS 序列
为基础的菌种鉴定

一、实验目的

1. 了解并掌握利用细菌 16S rRNA 序列来进行鉴定的原理和方法。

2. 学习并掌握利用 Ribosomal Database Project 或 NCBI 等网站进行序列同源性分析和菌种归属查询的方法。

二、实验原理

传统的微生物分类主要依靠形态学特征以及生理生化特征进行，这些方法在微生物分类鉴定中发挥过重要作用，但也存在着鉴定准确性差、繁琐耗时等缺点。目前细菌的分类鉴定开始进入分子水平，各种基因型分类方法也应运而生，如（G＋C）mol%、DNA 杂交、rRNA 指纹图、质粒图谱和 16S rRNA 序列分析等。细菌 16S rRNA 以及丝状真菌（及酵母）的核糖体 rRNA 内部转录间隔区（internal transcribed spacer，ITS）序列分析鉴定已经被大多数研究者所接受和采用，成为一种常用的微生物鉴定方法。rRNA 是研究细菌进化和亲缘关系的重要指标，它含量大（约占细菌 RNA 总量的 80%），并存在于所有细菌中。rRNA 基因由保守区和可变区组成，在细菌中高度保守，素有"细菌化石"之称，是细菌系统分类学研究中最有用和最常用的分子钟。原核生物的 rRNA 分为 3 种，分别为 5S rRNA、16S rRNA 和 23S rRNA，并且它们位于同一操纵子上。rRNA 的基因在大多数原核生物中都具有多个拷贝，拷贝数目从 1 到 14 不等。其中，16S rRNA 序列分析已经成为细菌种属鉴定和分类的标准方法，大约 2500 个种的 16S rRNA 全序列已经被报道。根据它们的序列同源性，已经构建了各种属的系统发育树。也是进行微生物资源快捷鉴定的重要方法。

16S rRNA 以及 ITS 序列的扩增需要微生物染色体 DNA 作为模板。首先提取微生物的染色体 DNA，以此为模板，加入通用引物进行扩增、测序，将测序结果提交至 NCBI-BLAST 网站进行序列比对，最终得知该微生物的种属归类。

三、实验器材

1. 酶与生化试剂

Taq DNA 聚合酶、细菌、真菌 DNA 抽取试剂盒、琼脂糖、2.5mol/L dNTPs、25mmol/L MgCl$_2$、16S rRNA 序列上下游通用引物、ITS 序列上下游通用引物。

2. 16S rRNA 通用引物

上游：5′-AGAGTTTGATCCTGGCTCAG-3′

下游：5′-ACGGCTACCTTGTTACGACTT-3′

3. ITS 序列通用引物

上游：5′-TCCGTAGGTGAACCTGCGG-3′

下游：5′-TCCTCCGCTTATTGATATGC-3′

4. 仪器

恒温金属浴、台式高速离心机、振荡器、PCR 仪、水平电泳仪、凝胶成像系统、基因测序仪。

5. 培养基

细菌采用 LB 培养基；酵母采用 YPD 培养基；丝状真菌采用 PDA 培养基。

四、实验步骤

1. 待鉴定菌株的培养

将待鉴定菌株（细菌、酵母、丝状真菌）在相应固体培养基上划线培养。

2. 微生物染色体 DNA 的制备

参照细菌和真菌 DNA 抽提试剂盒的说明。

3. PCR 扩增

① 16S rRNA 序列的扩增：在 0.2ml PCR 薄壁管中加入上述细菌染色体 DNA 模板 0.5μl，2×Taq 混合物 25μl，30μmol/L 的 16 rRNA 序列上下游通用引物各 0.5μl，补水至 50μl。PCR 反应条件为：94℃预变性 5min；94℃变性 30s，52℃退火 1min，72℃延伸 90s，经过 30 个循环后，72℃再延伸 10min。

② ITS 序列的扩增：在 0.2ml PCR 薄壁管中加入上述丝状真菌（酵母）染色体 DNA 粗提液 0.5μl，2×Taq 混合物 25μl，30μmol/L 的 ITS 序列上下游通用引物各 0.5μl，补水至 50μl。PCR 反应条件为：94℃预变性 5min；94℃变性 30s，54℃退火 1min，72℃延伸 50s，经过 30 个循环后，72℃再延伸 10min。

4. 琼脂糖凝胶电泳与测序

取 5μl PCR 产物进行电泳检测。电泳结束后在凝胶成像系统上观察结果。将 PCR 条带明显的进行测序。

5. 测序结果分析

将测序结果用 Sequence Scanner V1.0 软件进行分析，查看序列的长度及可信度（图 7-5）。

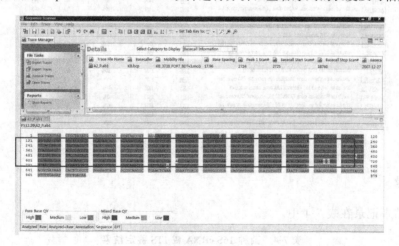

图 7-5 Sequence Scanner V1.0 软件分析界面

图中方框内所示的区域代表测序结果中可信度较高的序列

6. 序列比对

选择测序结果中可信度较高的序列，将选定的序列提交至 NCBI-BLAST 网站

（http：//www.ncbi.nlm.nih.gov/blast）进行序列比对（图7-6）。

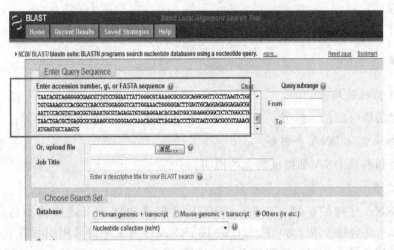

图7-6　NCBI-BLAST界面

将选定的序列粘贴入方框内的文本框进行比对，在Database选项中选择others，然后点blast按钮。

7. 种属分类

根据BLAST比对结果中显示的16S rRNA/ITS序列相似度高低来确定待鉴定菌株的种属分类（图7-7）。

Sequences producing significant alignments:
(Click headers to sort columns)

Accession	Description	Max score	Total score	Query coverage	E value	Max ident
EU315248.1	Bacillus pseudofirmus strain Mn6 16S ribosomal RNA gene, partial sec	1410	1410	100%	0.0	99%
AB043857.1	Bacillus sp. 2b-2 gene for 16S rRNA	1410	1410	100%	0.0	99%
AB043842.1	Bacillus sp. 8-1 gene for 16S rRNA	1410	1410	100%	0.0	99%
AB201799.1	Bacillus pseudofirmus gene for 16S rRNA, partial sequence, clone:124	1408	1408	100%	0.0	99%
AF406790.1	Bacillus pseudofirmus strain FTU 16S ribosomal RNA gene, partial seq	1404	1404	100%	0.0	99%
AB029256.1	Bacillus pseudofirmus gene for 16S rRNA, complete sequence	1404	1404	100%	0.0	99%
X76439.1	Bacillus pseudofirmus DSM 8715, 16S rRNA gene	1404	1404	100%	0.0	99%
AB201795.1	Bacillus pseudofirmus gene for 16S rRNA, partial sequence, clone:A-4	1402	1402	100%	0.0	99%
AY553129.1	Bacillus sp. GSP77 16S ribosomal RNA gene, partial sequence	1400	1400	100%	0.0	99%
DQ852633.1	Bacillus sp. DK1122 16S ribosomal RNA gene, partial sequence	1399	1399	100%	0.0	99%
AB043845.1	Bacillus sp. 27-1 gene for 16S rRNA	1393	1393	100%	0.0	99%
AY642550.1	Uncultured low G+C Gram-positive bacterium clone LV57-39 16S ribo	1376	1376	100%	0.0	98%
AF326122.1	Bacillus sp. XE22-4-1 16S ribosomal RNA gene, partial sequence	1365	1365	99%	0.0	98%
AY642561.1	Uncultured low G+C Gram-positive bacterium clone LV57-33 16S ril	1343	1343	100%	0.0	98%
X92158.1	Bacterial sp. 16S rRNA gene (Lake Bogoria isolate 66B4)	1338	1338	100%	0.0	98%
DQ856677.1	Uncultured Bacillus sp. clone BR02BE06 16S ribosomal RNA gene, par	1330	1330	95%	0.0	99%
EU004572.1	Bacillus sp. HM06-10 16S ribosomal RNA gene, partial sequence	1325	1325	97%	0.0	99%
DQ856707.1	Uncultured Bacillus sp. clone BR06BG02 16S ribosomal RNA gene, par	1319	1319	93%	0.0	99%
DQ856675.1	Uncultured Bacillus sp. clone BR02BC09 16S ribosomal RNA gene, par	1317	1317	95%	0.0	99%
EF695733.1	Uncultured Bacilli bacterium clone MS009A1 D01 16S ribosomal RNA	1303	1303	92%	0.0	99%
EF702170.1	Uncultured Bacilli bacterium clone MS059A1 H01 16S ribosomal RNA	1288	1288	92%	0.0	99%

图7-7　BLAST比对结果界面

五、实验记录

将鉴定结果记录在表7-4中。

表7-4　菌种16S rRNA或ITS鉴定结果

微生物	属名
1号	
2号	

六、注意事项

1. 需要鉴定的微生物必须是纯种，在操作过程中要避免污染。
2. 该方法只能鉴定到属，如果要鉴定到种，需要补做其他实验。

七、预习思考题

用分子手段对微生物鉴定有哪些方法？

八、思考题

利用 16S rRNA 进行微生物鉴定有哪些不足之处？如果要把微生物鉴定到种，还需要补做哪些实验？

第 八 章
微生物技术的应用

　　1857 年，法国化学家、微生物学家巴斯德提出了著名的发酵理论："一切发酵过程都是微生物作用的结果。"从而开始了人类工业化规模培养利用微生物生产商业性产品的历史。发酵在食品工业的酿酒、酱油、醋等制造过程中早已应用，现在工业规模利用发酵法生产的产品主要有氨基酸类（如谷氨酸、赖氨酸、苏氨酸、亮氨酸、异亮氨酸、精氨酸、谷氨酰胺等）、有机酸类（如柠檬酸、L-乳酸、衣康酸、琥珀酸、长链二元酸等）、酶制剂类（淀粉酶、糖化酶、蛋白酶、脂肪酶、纤维素酶等）、抗生素类（青霉素、红霉素、四环素、阿维菌素等）、维生素类（维生素 C、维生素 B_2 等）以及多糖类（黄原胶、透明质酸等）。

　　微生物工业发酵的基本过程可以简化为如下流程：

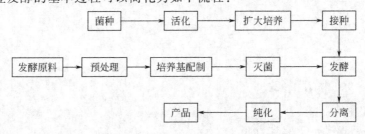

　　作为工业用微生物，其要求是能在较短时间内高产有价值的发酵产品、发酵原料来源充足、无危害、代谢副产物少、遗传特性稳定等。其来源可以从自然界中筛选，也可以从各菌种保藏机构现有的菌种中筛选，本章主要列举微生物的获取方法。

实验三十　土壤中纤维素分解菌的分离

一、实验目的

1. 了解纤维素酶的用途、特点。
2. 学习并掌握从土壤等样品中分离筛选纤维素酶产生菌的原理和方法。
3. 了解纤维素酶活性测定的原理和方法。
4. 掌握从自然界筛选功能微生物的一般原理和方法。

二、实验原理

1. 从自然界中筛选功能微生物的一般方法与步骤

在自然界中，分布广泛、代谢类型各异、种类繁多的微生物为很多工业过程提供了环保、经济、高效的解决方案。比如，在工业过程中应用广泛的酶制剂大多都是从不同微生物体内筛选分离到的；能够降解各种有毒化学物质的微生物在自然的生态修复中也起着重要的作用。这些微生物统称为功能微生物。从自然界分离筛选这些功能微生物一般按照采样、富集、分离、初筛和复筛等几个步骤来进行。

（1）样品采集

微生物形体微小，易通过各种介质传播。其次，微生物的营养类型多，适应能力强，而且能够以各种物质为基质，能在不同环境中生长、繁殖。由于这些特性，使得微生物成为自然界中分布最广泛、数量最为庞大的群体。在筛选产酶微生物和降解微生物的时候，要根据所筛选的酶的特点有目的地选择所要采集的样品。比如，产生淀粉酶的各种微生物可以在淀粉加工或存在的场所分离；纤维素酶产生菌可以从采集到的腐叶烂草下面的土壤或者直接采集草叶进行分离；许多脂肪酶可以在油脂厂的土壤中分离；在糖果、加工蜜饯或蜂蜜的环境土壤中可能存在有各种糖，可以作为分离利用糖原料的耐高渗酵母、柠檬酸产生菌、氨基酸产生菌的样品；蛋白酶产生菌可以从加工皮革的生皮晒场、蚕丝、豆饼等腐烂变质的地方分离；从油田的浸油土壤中能分离出利用石蜡、芳香烃和烷烃的微生物；从果树下、瓜田里的土壤中能分离出酵母菌；从白腐树木上可以分离分解木质素的菌，从褐腐态树木上可以分离分解纤维素的菌等。因此，在采样前分析目标菌种的特性、科学确定采样环境是很重要的。

（2）富集培养

多数情况下，所需的微生物在所采样品中的量并不充足，因此需要采用富集的方法使目的菌达到优势生长的目的。富集培养就是当目的微生物含量较少时，根据微生物的生理特点，设计一种选择性培养基，创造有利的生长条件，使目的微生物在最适的环境下迅速地生长繁殖，由原来自然条件下的劣势种变成人工环境下的优势种，以利分离到所需要的菌株。富集培养主要根据微生物的碳、氮源、pH、温度、需氧等生理因素加以控制，一般可从以下几个方面来进行富集。

① 控制培养基的营养成分　微生物的代谢类型十分丰富，其分布状态随环境条件的不同而异。如果环境中含有较多某种物质，则其中能分解利用该物质的微生物也较多。因此，在分离该类菌株之前，可在增殖培养基中人为加入相应的底物作唯一碳源或氮源。那些能分解利用的菌株因得到充足的营养而迅速繁殖，其他微生物则由于不能分解这些物质，生长受

到抑制。当然，能在该种培养基上生长的微生物并非单一菌株，而是营养类型相同的微生物群。富集培养基的选择性只是相对的，它只是微生物分离中的一个步骤。比如，在纤维素分解菌的富集培养中，可以加入 CMC-Na 作为碳源。能分解利用该底物的菌类得以繁殖，而其他微生物则因得不到碳源无法生长，菌数逐渐减少。此时分离得到的微生物即具有一定的纤维素分解能力。在壳聚糖酶产生菌的富集培养基中，一般会加入壳聚糖作为唯一碳源。

根据微生物对环境因子的耐受范围具有可塑性的特点，可通过连续富集培养的方法分离降解高浓度污染物的环保菌。如以苯胺作唯一碳源对样品进行富集培养，待底物完全降解后，再以一定接种量转接到新鲜的含苯胺的富集培养液中，如此连续移接培养数次。同时将苯胺浓度逐步提高，便可得到降解苯胺占优势的菌株培养液。移种的时间既可根据底物的降解情况，也可通过微生物的生长情况确定。如在分离环己烷降解菌时，样品经环己烷为唯一碳源的培养基富集后，培养液由原来的无色变为混浊的乳白色，同时瓶壁上也可观察到微生物的生长情况。此时可以 2%的接种量移入新鲜的富集培养基中继续培养。连续富集培养的方法虽耗时较长，有时甚至需要 6～7 个月，但效果较好。通过该方法适用于分离 DDT 等污染物的分解菌，或者是有机底物的转化菌。

② 控制培养条件　在筛选某些微生物时，除通过培养基营养成分的选择外，还可通过它们对 pH、温度及通气量等其他一些条件的特殊要求加以控制培养，达到有效的分离目的。如细菌、放线菌的生长繁殖一般要求中性或偏碱（pH7.0～7.5），霉菌和酵母菌要求偏酸（pH4.5～6）。因此，富集培养基的 pH 值调节到被分离微生物的要求范围不仅有利于自身生长，也可排除一部分不需要的菌类。

分离放线菌时，可将样品液在 40℃恒温预处理 20min，有利于孢子的萌发，可以较大地增加放线菌数目，达到富集的目的。

筛选极端微生物时，需针对其特殊的生理特性，设计适宜的培养条件，达到富集的目的。

③ 抑制不需要的菌类　在分离筛选的过程中，除了通过控制营养和培养条件，增加富集微生物的数量以有利于分离外，还可通过高温、高压、加入抗生素等方法减少非目的微生物的数量，使目的微生物的比例增加，同样能够达到富集的目的。

从土壤中分离芽孢杆菌时，由于芽孢具有耐高温特性，100℃很难杀死，要在 121℃才能彻底死亡。可先将土样加热到 80℃或在 50%乙醇溶液中浸泡 1h，杀死不产芽孢的菌种后再进行分离。筛选霉菌时，可在培养基中加入四环素等抗生素抑制细菌，使霉菌在样品的比例提高，从中便于分离到所需的菌株；分离放线菌时，在样品悬浮液中加入 10 滴 10%的酚或加青霉素、链霉素各 30～50U/ml，以及丙酸钠 10μg/ml 抑制细菌和霉菌的生长。另外据报道，重铬酸钾对土壤真菌、细菌有明显的抑制作用，也可用于选择分离放线菌。

对于含菌数量较少的样品或分离一些稀有微生物时，采用富集培养以提高分离工作效率是十分必要的。但是如果按通常分离方法，在培养基平板上能出现足够数量的目的微生物，则不必进行富集培养，直接分离、纯化即可。

④ 稀释培养法　一些微生物生活在独特的生态环境中，比如海洋微生物，生长在贫营养环境中，用一般的培养方法很难培养出来。一般认为，这些贫营养环境中的微生物对过高的有机质敏感，营养物质成为它们复苏的障碍，因此在实际培养过程中，可以采用将营养物质进行梯度稀释进行培养，甚至采用原生态水作为培养基。Franklin 采用从原液到 10^{-4} 浓度进行梯度系列稀释，结果发现在每一个稀释度中都能分离到 2～3 个新菌落，说明了自然

界中微生物随营养物质浓度变化而呈现梯度分布的。

（3）纯种分离

经过富集培养后的样品中虽然目标微生物得到了增殖占优势，其他种类的微生物数量相对减少，但并没有死亡。富集后的培养液并不是纯种，且微生物间产酶能力也有区别。因此，富集培养后的样品需要进一步通过分离纯化将最需要的目标微生物从样品中分离出来。

在工业生产中，常用的纯种分离方法为稀释法和划线分离法。用这两种方法在固体培养皿上得到的菌体为"菌落纯"。当对菌体的纯度要求更高的时候，可以在显微镜下采用单细胞或单个孢子的挑取，由此得到的菌体可称为"菌株纯"，不过，这种方法比较麻烦，应用并不广泛。得到纯种的菌体后，可以将其保存在斜面培养基上，以备后用。

如果所要筛选的微生物种类是厌氧菌，那么其富集培养和纯种分离的方法与好氧微生物相比，就会有很大的不同，尤其是专性厌氧菌，对氧气非常敏感，因此，对它们的分离、培养就需要用特殊的培养设备和培养方法，如亨盖特滚管或厌氧培养箱。

（4）初筛

经过富集培养和纯种分离，我们可以得到一系列能产目标酶的潜在微生物。要从这些潜在微生物中选择到能够产酶，且产酶量较高的菌株，必须设计一种简易方便的快速筛选方法。提高目标微生物的分离效率，这就是初筛。

常见的平板快速检测法是利用菌体在特定固体培养基平板上的生理生化反应，将肉眼观察不到的产量性状转化成可见的形态变化。具体的有纸片培养显色法、变色圈法、透明圈法、生长圈法和抑制圈法等。这些方法较粗放，一般只能定性或半定量用，常只用于初筛，但它们可以大大提高筛选的效率。它的缺点是由于培养平皿上种种条件与摇瓶培养，尤其是发酵罐深层液体培养时的条件有很大的差别，有时会造成两者的结果不一致。

① 变色圈法：将指示剂直接掺入固体培养基中，进行待筛选菌悬液的单菌落培养，或喷洒在已培养成分散单菌落的固体培养基表面，在菌落周围形成变色圈。如在含淀粉的平皿中涂布一定浓度的产淀粉酶菌株的菌悬液，使其呈单菌落，然后喷上稀碘液，发生显色反应。变色圈越大，说明菌落产酶的能力越强。而从变色圈的颜色又可粗略判断水解产物的情况。

② 透明圈法：在固体培养基中加入溶解性差、可被特定菌利用的营养成分，造成混浊、不透明的培养基背景。待筛选的菌落周围就会形成透明圈，透明圈的大小反映了菌落利用此物质的能力。比如在培养基中掺入可溶性淀粉、酪素或纤维素粉可以分别用于检测菌株产淀粉酶、产蛋白酶或产纤维素酶能力的大小（图8-1）。

③ 生长圈法：利用一些有特别营养要求的微生物作为指示菌，若待分离的菌在缺乏上述营养物的条件下，能合成该营养物，或能分泌酶将该营养物的前体转化成营养物，那么，在这些菌的周围就会有指示菌生长，形成环绕菌落生长的生长圈。该法常用来选育氨基酸、核苷酸和维生素的生产菌。指示菌往往都是对应的营养缺陷型菌株。比如，用一

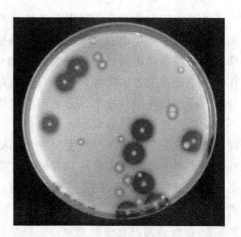

图8-1　产蛋白酶的菌株所产生的透明圈
透明圈的直径大小与酶活的高低呈正相关关系

株组氨酸缺陷型的细菌作为指示菌，它在缺乏组氨酸的时候不能生长。但如果筛到一株目标菌，能够产生一种酶，催化前体产生组氨酸，或者直接生产组氨酸，那么在目标菌的周围就会有指示菌生长，形成生长圈，如图 8-2 所示。

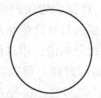

(a) 涂布组氨酸缺陷指示菌，因培　　　(b) 目标菌生长，产生组氨酸，因而指示
养基中无组氨酸，因此无法生长　　　菌得到组氨酸，开始生长，形成生长圈

图 8-2　生长圈法示意图

④ 抑制圈法：待筛选的菌株能分泌产生某些能抑制指示菌生长的物质，或能分泌某种酶并将无毒的物质水解成对指示菌有毒的物质，从而在该菌落周围形成指示菌不能生长的抑菌圈。例如：将培养后的单菌落连同周围的小块琼脂用穿孔器取出，以避免其他因素干扰，移入无培养基平皿，继续培养 4～5 天，使抑制物积累，此时的抑制物难以渗透到其他地方，再将其移入涂布有指示菌的平板，每个琼脂块中心间隔距离为 2cm，培养过夜后，即会出现抑菌圈。抑菌圈的大小反映了琼脂块中积累的抑制物的浓度高低。该法常用于抗生素产生菌的筛选，指示菌常是抗生素敏感菌。

（5）复筛

初筛的目的是删去明确不符合要求的大部分菌株，把生产性状类似的菌株尽量保留下来，使优良菌种不至于漏网。因此，初筛工作以量为主，接下来的复筛工作目的是确认符合生产要求的菌株，所以，复筛步骤以质为主，应精确测定每个菌株的产酶能力及催化活力。许多情况下以酶活力表示，酶活力一般用单位时间（通常单位为 min）内转化底物生成微摩尔产物表示。在复筛中最重要的是建立生物催化反应底物与产物的定量分析方法。通常使用的是液相色谱（HPLC）、气相色谱（GC）、薄层色谱（TLC）及化学生色反应、紫外、荧光反应等。

（6）高产菌株的选育

经过初筛和复筛，能够得到几株高产目标酶的野生菌株。但其生产能力一般比较低下，大多达不到工业生产的要求。因此要根据菌种的形态、生理上的特点，改良菌种。这就是菌株选育。随着微生物遗传学的发展，微生物发酵工业优良菌株的人工选育已经成为基本操作。人工选育的方法很多，包括自然选育、诱变育种、杂交选育、转化、转导以及基因工程技术、原生质体融合技术、分子定向进化等。以微生物自然变异为基础的生产选种的概率并不高，因为这种变异率太小，仅为 10^{-6}～10^{-10}。为了加大其变异率，采用物理和化学因素促进其诱发突变，这种以诱发突变为基础的育种就是诱变育种，它是国内外提高菌种产量、性能的主要手段。诱变育种具有极其重要的意义，当今发酵工业所使用的高产菌株，几乎都是通过诱变育种而大大提高了生产性能。诱变育种包括诱变与筛选两个主要环节，其中筛选的重要性更为突出。

2. 纤维素酶产生菌的筛选

纤维素酶是能将纤维素水解成还原糖的酶系的总称，在生产生活中广泛应用于食品、酿酒、造纸、饲料、等行业。纤维素酶（cellulase）是指能水解纤维素 β-1,4-葡萄糖苷键，使纤维素变成纤维二糖和葡萄糖的一组酶总称，它不是单一酶，而是起协同作用多组分酶系。纤维素酶由葡聚糖内切酶（EC3.2.1.4，也称 Cx 酶）、葡聚糖外切酶（EC3.2.1.91，也称 C1 酶）、β-葡萄糖苷酶（EC3.2.1.21，也称 CB 酶或纤维二糖酶）三个主要成分组成的诱导型复合酶系。C1 酶和 Cx 酶主要溶解纤维素，CB 酶主要将纤维二糖、纤维三糖转化为葡萄糖，当三个主要成分的活性比例适当时，就能协同作用完成对纤维素的降解。滤纸酶（FPase）活力代表了三种酶协同作用后的总酶活力。在纤维素降解中，首先内切型葡萄糖苷酶（Cx）作用于纤维素分子内部的结晶区，随机水解纤维素分子的 β-1，4-糖苷键，产生具有非还原性末端的短链纤维素，之后外切型葡萄糖苷酶（C1 酶）从纤维素的非还原性末端水解 β-1，4-糖苷键，产物为纤维二糖。上述两种酶的催化产物纤维二糖和短链的纤维寡糖由 β-葡萄糖苷酶作用，产物为葡萄糖。β-葡萄糖苷酶也可以仅水解纤维寡糖为纤维二糖（如图 8-3 所示）。

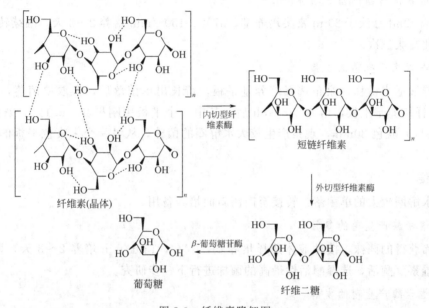

图 8-3　纤维素降解图

纤维素酶产生菌的分离筛选方法有 CMC-AZURE（羧甲基纤维素-天青法）、凉乙醇沉淀法、十六烷基三甲基澳化胺法、Unitex 染色法、台盼蓝染色法、刚果红染色法等。刚果红染色法是将生长有菌落的平板培养基，用 0.1％的刚果红水溶液浸染一定时间后，再用 1mol/L NaCl 溶液平铺平板上进行脱色。刚果红能与培养基中的纤维素形成红色复合物。当纤维素被纤维素酶分解后，刚果红-纤维素的复合物就无法形成，培养基中会出现以纤维素分解菌为中心的透明圈，通过是否产生透明圈来筛选纤维素分解菌。

三、实验器材

1. 含菌土壤样品

2. 培养基（见本实验附）

3. 溶液（见本实验附）

4. 仪器设备

电子天平，pH 计，超净工作台，灭菌锅，离心机，恒温水浴锅，低温冰箱，磁力搅拌器，培养箱，分光光度计，试管，比色管，三角瓶，培养皿，移液管，酒精灯等。

四、实验步骤

1. 土样采集

从肥沃、湿润的土壤中取样。先铲去表层土 3cm 左右，再取样，将样品装入事先准备好的无菌样品袋中。土样的采集要在富含纤维素的环境中进行，这是因为在纤维素含量丰富的环境中，通常会聚集较多的分解纤维素的微生物。如果找不到合适的环境，可以将滤纸埋在土壤中，过一个月左右也会有能分解纤维素的微生物生长。

土样处理：无菌取约 1g 土样，置于灭过菌的含玻璃珠（10 多粒）及 10ml 生理盐水（0.9％）的小三角瓶内，振摇 10min，制得土壤悬液。

2. 纤维素降解菌的富集培养

吸取 1～2ml 悬液于 20ml 富集培养基，37℃，150r/min 培养 2～3 天，继续转接富集培养基，如此富集三次。

3. 纤维素酶产生菌的初筛

将培养液适当稀释，涂布选择培养基平板，待长出单菌落后，挑取单菌落，点种一套（两个）选择培养基平板，培养 24～48h 后，其中一个平板用刚果红（0.1％）染色 30min，NaCl（0.5％）脱色 30min，观察产生较大水解圈的菌株，从另一个未染色平板的相应位置挑菌保存。

4. 转接

挑取水解圈较大的单菌落，转接至肉汤斜面培养备用。

5. 纤维素酶产生菌的复筛

将初筛获得的菌株，接种液体选择培养基，37℃，150r/min 培养 2～3 天，取粗酶液，测定其纤维素酶酶活，选择酶活性最高的菌株进行下一步研究。

6. 纤维素酶产生菌的发酵

① 将上面得到的斜面上的菌株，接种到种子培养基中，30℃，200r/min 培养 24h。

② 按照 2％的接种量，将种子液转接入发酵培养基中，30℃，200r/min 培养 48h。

③ 取 1～2ml 发酵液于 4℃，10000r/min，离心 10min，上清液即为粗酶液。

7. 纤维素酶酶活测定

（1）葡萄糖标准曲线的绘制

原理：DNS（3，5-二硝基水杨酸）与还原糖一起沸水浴后可生成棕红色的氨基化合物，因还原糖含量的不同其生成物的量也有差异，导致颜色深浅不一，可通过其在 540nm 处的吸光值来判断生成物的量，进一步可换算成溶液中还原糖的量。

方法：取 8 支试管，分别加入 0.0ml、0.2ml、0.4ml、0.6ml、0.8ml、1.0ml、1.2ml、1.4ml 的葡萄糖（1mg/ml）标准溶液，均补水至 2ml，再加入 1.5ml DNS 试剂混合均匀，沸水浴中加热 5min，取出用流动水冷却至室温，稀释三倍后于 540nm 波长处测定 OD 值，以 OD_{540} 值为横坐标、葡萄糖含量（mg）为纵坐标，绘制葡萄糖标准曲线。

（2）内切纤维素酶活性测定——CMC 酶活（CMCase）测定

取适当稀释的粗酶液 0.5ml 于试管中，再加入 0.5％CMC-Na 的柠檬酸缓冲液（pH

5.0、0.05mol/L）1.5ml，50℃恒温水浴30min后，按DNS法测定还原糖含量，对照标准曲线计算酶活。以高温灭活的粗酶液作为对照。在上述实验条件下每30min产生1.0μg还原糖所需的酶量定义为1个酶活力单位（U/ml）。

（3）外切纤维素酶的测定

取适当稀释的粗酶液0.5ml于试管中，加入50mg脱脂棉，再加入1.5ml柠檬酸缓冲液（pH 5.0、0.05mol/L），50℃水浴保温24h后，按DNS法测定还原糖，对照标准曲线计算酶活。以高温灭活的粗酶液作为对照。在上述实验条件下每24h产生1.0μg还原糖所需的酶量定义为1个酶活力单位（U/ml）。

（4）滤纸酶（FPase）活力的测定

取适当稀释的粗酶液0.5ml于试管中，加入1.5ml柠檬酸缓冲液（pH4.5、0.05mol/L），再加入滤纸条50mg，50℃水浴保温1h后取出，按DNS法测定还原糖，对照标准曲线计算酶活。以高温灭活的粗酶液作为对照。在上述实验条件下每1h产生1.0μg还原糖所需的酶量定义为1个酶活力单位（U/ml）。

五、实验记录

记录于表8-1。

表8-1 纤维素酶降解菌筛选结果记录表

刚果红阳性菌株	内切纤维素酶活性	外切纤维素酶活性	滤纸酶活力
1			
2			
3			

六、注意事项

1. 对于初筛时得到的水解圈较大的菌株，使用摇瓶发酵复筛时，对每个菌株应设置2组以上的重复实验。

2. 对于酶活较大的菌株，应在发酵过程中每隔4～6h取样测定酶活，以跟踪各菌株的产酶高峰时间。

七、预习思考题

能产纤维素酶的都有哪些微生物，其产酶各有哪些特点？

八、思考题

1. 通过本实验，你对从自然界分离筛选某种工业酶产生菌株的基本过程有何体会？

2. 纤维素酶的酶活都包括哪几个部分，如果详细测定各部分的酶活的话，还有哪些实验要补充？

附：本实验培养基和试剂

1. 菌种富集培养基（g/L）：CMC-Na 10，蛋白胨 1，NaCl 1，K_2HPO_4 1.5，Na_2HPO_4 2.5，$MgSO_4 \cdot 7H_2O$ 0.2，pH7.0。

2. 羧甲基纤维素钠选择 (CMC-Na) 培养基 (g/L): CMC-Na 1, $(NH_4)_2SO_4$ 4, KH_2PO_4 2, $MgSO_4 \cdot 7H_2O$, 0.5 g, 蛋白胨1, 琼脂16, pH7.0。

3. 种子培养基 (g/L): 蛋白胨1, 葡萄糖2, 酵母膏1, K_2HPO_4 1, NaH_2PO_4 1, $MgSO_4 \cdot 7H_2O$ 0.1, $FeSO_4 \cdot 7H_2O$ 0.005, $MnSO_4$ 0.005, pH 7.0。

4. 发酵培养基 (g/L): 蛋白胨10, 葡萄糖10, 酵母膏10, 麸皮5, K_2HPO_4 1, NaH_2PO_4 1, $MgSO_4 \cdot 7H_2O$ 0.1, $FeSO_4 \cdot 7H_2O$ 0.005, $MnSO_4$ 0.005, pH 7.0。

5. 牛肉膏蛋白胨培养基 (附录Ⅱ)

以上培养基均湿热灭菌后使用。

6.3, 5-二硝基水杨酸 (DNS) 溶液

A液: 先用少量热水溶解185g酒石酸钾钠, 再定容至500ml。

B液: 取500ml大烧杯, 称取DNS (3, 5-二硝基水杨酸) 6.3g, 用少量蒸馏水溶解。配制2mol/L的NaOH溶液, 加262ml NaOH溶液于DNS溶液中。

将B液加入A液中, 再依次加入5g结晶酚、5g无水亚硫酸钠, 搅拌使其充分混匀, 冷却后在容量瓶中定容至1000ml, 混匀后转移至棕色瓶中储存, 室温放置一周后使用。

7.0.05mol/L pH4.5的柠檬酸缓冲液和pH5.0的柠檬酸缓冲液

首先配制A液和B液母液, 可放置冰箱待用。

A液: 0.1mol/L的柠檬酸溶液。

B液: 0.1mol/L柠檬酸钠溶液。

0.05mol/L pH4.5的柠檬酸缓冲液: 用于测定滤纸酶 (FPase) 活力。量取A液27.12ml, B液22.88ml, 混匀后用蒸馏水定容至100ml。

0.05mol/L pH5.0的柠檬酸缓冲液: 量取A液20.5ml, B液29.5ml, 混匀后用蒸馏水定容至100ml。

8.0.5％CMC-Na溶液: 称取0.5g CMC-Na, 用0.05mol/L pH5.0的柠檬酸缓冲液溶解并且定容至100ml。配好后4℃冰箱放置过夜, 以便CMC-Na可以充分溶解。

9.1mg/ml标准葡萄糖溶液: 准确称取经105℃烘至恒重的无水葡萄糖100mg, 溶于蒸馏水中, 定容至100ml。

实验三十一 食品样品中菌落总数的测定

一、实验目的

1. 学习并掌握菌落总数测定的基本原理和方法。
2. 了解食品上微生物的分布和繁殖动态。

二、实验原理

菌落总数是指食品检样经过处理，在一定条件下培养后，所得1g或1ml检样中所含细菌菌落的总数。

菌落总数主要作为判定食品被污染程度的标志，也可以应用这一方法观察细菌在食品中繁殖动态，以便对被检样品进行卫生学评价时提供依据。

每种细菌都有它一定的生理特性，培养时应用不同的营养条件及其他生理条件（如温度、培养时间、pH、需氧性质等）去满足其要求才能将各种细菌都培养出来。但在实际工作中，一般都只用一种常用的方法去检测。细菌菌落总数的测定所得结果，只包括一类能在营养琼脂上发育的嗜中温性需氧菌的菌落总数。

三、实验器材

1. 实验仪器

培养箱、恒温水浴、电子秤。

2. 实验材料

吸管1.0ml、10.0ml，广口瓶500ml，玻璃珠（直径5mm），平皿（皿底直径9.0cm），试管18mm×200mm，酒精灯，试管架，研钵，灭菌刀和剪刀，灭菌镊子，酒精棉球，记号笔，牛肉膏蛋白胨琼脂培养基（见附录Ⅱ），灭菌生理盐水（分装于试管中，每管9.0ml）。

3. 食品检样

四、操作步骤

1. 检样稀释和培养

① 以无菌操作，将检样25g（或25ml）剪碎放于含有225ml灭菌生理盐水的广口瓶内（瓶内置有适量玻璃珠）或灭菌研钵内，经充分振摇或研磨制成1∶10的均匀稀释液。

② 用1.0ml灭菌吸管吸取1∶10稀释液1.0ml，沿管壁徐徐注入含有9.0ml灭菌生理盐水的试管内（注意吸管尖端不要触及管内液面），振摇试管混合均匀，做成1∶100的稀释液。

③ 另取1.0ml灭菌吸管，按上述操作作10倍稀释，如此每递增稀释一次，即换1支1.0ml吸管。

④ 根据食品卫生要求或对标本污染程度的估计，选择2～3个适宜稀释度，分别作10倍递增稀释的同时，即以吸取该稀释液的吸管移1.0ml稀释液于灭菌培养皿内，每个稀释

度作两个平皿。

⑤ 稀释液移入平皿后应及时将晾至 46℃营养琼脂（放于 46℃±1℃水浴保温）注入平皿约 15ml，并轻轻转动平皿使混合均匀。同时将营养琼脂培养基倾入加有 1.0ml 灭菌生理盐水的平皿内做空白对照。

⑥ 待培养基凝固后，将培养皿倒置于 37℃±1℃培养箱内培养 24h±2h（肉、水产品、乳和蛋品为 48h±2h）取出，计算平板内菌落数，乘以稀释倍数，即得每克（或 ml）样品所含菌落总数。

2. 计数平板的选择

选取菌落数在 30～300 之间的平板作为菌落总数测定标准。一个稀释度使用两个平板应采用两个平板的平均数，其中一个平板有较大片状菌落生长时，则不宜采用，而应以无片状菌落生长的平板作为该稀释度的菌落，可计算半个平板后乘以 2 代表全皿菌落数。

3. 稀释度的选择

参见实验十五。

4. 菌落数的报告

参见实验十五。

五、实验记录

表 8-2 样品中菌落总数计数结果记录表

项目	不同稀释度的平均菌落数			选择稀释度及计数方式	两个稀释度菌落比值	菌落总数	报告结果/(CFU/ml)
	10^{-1}	10^{-2}	10^{-3}				
1							
2							
平均							

六、注意事项

菌落总数所计的实际上是能够在牛肉膏蛋白胨平板上生长的菌落数，并不能代表所有微生物。

七、预习思考题

食品的卫生指标和微生物相关的哪些？分别有什么样的要求？

八、思考题

1. 食品中检出的菌落数是否代表该食品上污染的所有细菌数？为什么？

2. 为什么菌落总数测定用的营养琼脂培养基在使用前要保持在 46℃±1℃的温度？

3. 为使平板菌落计数准确需要掌握哪几个关键？并说明理由。

实验三十二　食品样品中大肠菌群 MPN 值的测定

一、实验目的

1. 掌握并巩固细菌的分类和活菌计数的基本原理和方法。
2. 学习并掌握大肠菌群 MPN 的测定方法，了解每一步的原理。

二、实验原理

　　大肠菌群是评价食品卫生质量的重要指标之一，目前已被国内外广泛应用于食品卫生工作中。大肠菌群名称并非细菌学分类命名，而是卫生细菌领域的用语，它不代表某一个或某一属细菌，而指的是具有某些特性的一组与粪便污染有关的细菌，这些细菌在生化及血清学方面并非完全一致，其定义为：需氧及兼性厌氧、在 37℃能分解乳糖产酸产气的革兰氏染色阴性无芽孢杆菌。一般认为该菌群细菌包括埃希氏菌属（*Escherichia*）、肠杆菌属（*Enterobacter*）、柠檬酸杆菌（*Citrobacter*）、克雷伯氏菌（*Klebsiella*）等。大肠菌群是作为粪便污染指标菌提出来的，主要是以该菌群的检出情况来表示食品中有否粪便污染。大肠菌群数的高低，表明了粪便污染的程度，也反映了对人体健康危害性的大小。

　　大肠菌群的测定方法一般采用多管发酵法。此方法是根据大肠菌群具有发酵乳糖产酸、产气的特性，利用含乳糖的培养基培养不同稀释度的样品，经初发酵、平板分离和复发酵 3 个检测步骤，最后根据结果查最大自然对数表，算出食品中的大肠菌群数。

三、实验器材

1. 被检样品
2. 培养基
乳糖胆盐发酵培养基，伊红美蓝培养基，乳糖发酵培养基。
3. 革兰氏染色液（见附录Ⅰ）
4. 其他仪器
显微镜，天平，培养箱，水浴锅，研钵，平皿，试管，杜氏小管，涂布器，接种针等。

四、实验步骤

　　1. 检样处理

　　① 以无菌操作将检样 25ml（或 25g）放于含有 225ml 灭菌生理盐水或其他稀释液的灭菌玻璃瓶内（瓶内预置适当数量的玻璃珠）或灭菌研钵内，经充分振摇或研磨做成 1:10 的均匀稀释液。固体检样最好用均质器，以 8000～10000r/min 的速度处理 1min，做成 1:10 的均匀稀释液。

　　② 用 1ml 灭菌吸管吸取 1:10 稀释液 1ml，注入含有 9ml 灭菌生理盐水或其他稀释液的试管内，振摇试管混匀，制成 1:100 的稀释液。

　　③ 另取 1ml 灭菌吸管，按上项操作依次做 10 倍递增稀释液，每递增稀释一次，换用 1 支 1ml 灭菌吸管。

　　④ 根据食品卫生标准要求或对检样污染情况的估计，选择三个稀释度，每个稀释度接

种 3 管。

2. 乳糖发酵试验

将待检样品接种于乳糖胆盐发酵管内，接种量在 1ml 以上者，用双料乳糖胆盐发酵管；1ml 及 1ml 以下者，用单料乳糖胆盐发酵管。每一稀释度接种 3 管，置 36℃±1℃培养箱内，培养 24h±2h，如所有乳糖胆盐发酵管都不产气，则可报告为大肠菌群阴性，如有产气者，则按下列程序进行。

3. 分离培养

将产气的发酵管分别转种在伊红美蓝琼脂平板上，置 36℃±1℃培养箱内，培养 18～24h，然后取出，观察菌落形态，并做革兰氏染色和证实试验。

4. 证实试验

在上述平板上，挑取可疑大肠菌群菌落 1～2 个，进行革兰氏染色，同时接种乳糖发酵管，置 36℃±1℃培养箱内培养 24h±2h，观察产气情况。凡乳糖管产气、革兰氏染色为阴性的无芽孢杆菌，即可报告为大肠菌群阳性。

5. 查表并报告

根据证实为大肠菌群阳性的管数，查 MPN 检索表，报告每 100ml（g）大肠菌群的最可能数（表 8-3）。

表 8-3　大肠菌群最可能数（MPN）检索表

阳 性 管 数			MPN /100ml(g)	95%可信限	
1ml(g)×3	0.1ml(g)×3	0.01ml(g)×3		下限	上限
0	0	0	<30		
0	0	1	30	<5	90
0	0	2	60		
0	0	3	90		
0	1	0	30	<5	130
0	1	1	60		
0	1	2	90		
0	1	3	120		
0	2	0	60		
0	2	1	90		
0	2	2	120		
0	2	3	160		
0	3	0	90		
0	3	1	130		
0	3	2	160		
0	3	3	190		
1	0	0	40	<5	200
1	0	1	70	10	210

阳 性 管 数			MPN /100ml(g)	95%可信限	
1ml(g)×3	0.1ml(g)×3	0.01ml(g)×3		下限	上限
1	0	2	110		
1	0	3	150		
1	1	0	70	10	230
1	1	1	110	30	360
1	1	2	150		
1	1	3	190		
1	2	0	110	30	360
1	2	1	150		
1	2	2	200		
1	2	3	240		
1	3	0	160		
1	3	1	200		
1	3	2	240		
1	3	3	290		
2	0	0	90	10	360
2	0	1	140	30	370
2	0	2	200		
2	0	3	260		
2	1	0	150	30	440
2	1	1	200	70	890
2	1	2	270		
2	1	3	340		
2	2	0	210	40	
2	2	1	280	100	
2	2	2	350		470
2	2	3	420		1500
2	3	0	290		
2	3	1	360		
2	3	2	440		
2	3	3	530		
3	0	0	230	40	1200
3	0	1	390	70	1300
3	0	2	640	150	1800
3	0	3	950		
3	1	0	430	70	2100
3	1	1	750	140	2300
3	1	2	1200	300	3800

阳 性 管 数			MPN /100ml(g)	95％可信限	
1ml(g)×3	0.1ml(g)×3	0.01ml(g)×3		下限	上限
3	1	3	1600		
3	2	0	930	150	3800
3	2	1	1500	300	4400
3	2	2	2100	350	4700
3	2	3	2900		
3	3	0	2400	360	13000
3	3	1	4600	710	24000
3	3	2	11000	1500	48000
3	3	3	≥24000		

注：1. 采用 3 个稀释度[1ml(g)、0.1ml(g)和 0.01ml(g)]，每稀释度 3 管。

2. 所列检样量如改用 10ml(g)、1ml(g) 和 0.1ml(g) 时，表内数字相应降低至原来的十分之一；如改用 0.1ml(g)、0.01ml(g) 和 0.001ml(g) 时，则表内数字相应增加 10 倍。其余可类推。

6. 结果分析判定

(1) 检验步骤

大肠菌群的检验步骤采用三步法（即乳糖发酵试验、分离培养和证实试验）。第一步乳糖发酵试验是样品的发酵结果，不是纯菌的发酵试验，所以初发酵阳性管，不能肯定就是大肠菌群细菌，经过平板分离和证实试验后，有时可能成为阴性。大量检测数据表明，食品中大肠菌群检验步骤的符合率，初发酵与证实试验相差较大，不同食品三步骤的符合情况也不一致，所以在大肠菌群检验步骤方面，应结合食品类别、污染情况以及样品中菌相的差异分别予以考虑。在食品检验上，除个别情况外，一般来说，如果平板上有较多典型大肠菌群菌落，革兰氏染色为阴性杆菌，即可作出判定。如平板上典型菌落甚少或均不够典型，则应多挑菌落做证实试验，以免出现假阴性。只作一步初发酵，对某些食品来说，误差是比较大的。这样做，会有相当部分的合格样品被作为不合格样品处理。

(2) 产气量

关于产气量的问题。实验表明，大肠菌群的产气量，多者可以使杜氏小管全部充满气体，少者可以产生比小米粒还小的气泡。一般来说，产气量与大肠菌群检出率呈正相关，但随样品种类而有不同，小于小米粒的气泡，亦可有阳性检出（为 30％～50％）。有时在初发酵时产酸无气，但复发酵时却有气体产生。有时杜氏小管内虽无气体，但在液面有泡沫或沿管壁有缓缓上浮的小气泡。所以对产酸但未产气的乳糖发酵管如有疑问时，可以用手轻轻打动试管，如有气泡沿管壁上浮，即应考虑可能有气体产生，而应作进一步观察。这种情况的阳性检出率可达半数以上。另外，杜氏小管管口的完整情况与杜氏小管外有否沉渣存在均可影响产气反应的观察。管口不完整有利于气体进入倒管，管口周围有沉渣物质能阻碍或延缓气体的进入。

(3) 挑选菌落

大肠菌群是一群肠杆菌的总称，大肠菌群菌落的色泽、形态等方面较大肠杆菌更为复杂和多样，而且与大肠菌群的检出率密切相关。国家标准方法规定伊红美蓝平板为分离培养基，在该平板上，大肠菌群菌落呈黑紫色有光泽或无光泽时，检出率最高；粉红色菌落检出率较低。菌落形态的其他方面（如菌落大小、光滑与粗糙、边缘完整情况、隆起情况、湿润与干燥等）虽亦应注意，但不如色泽方面更为重要。挑菌落一定要挑取典型菌落，如无典型菌落则应多挑几个，以免出现假阴性。

（4）抑菌剂

大肠菌群测定中所使用的胆盐为抑菌剂，可抑制样品中的一些杂菌，而有利于大肠菌群细菌的生长和挑选，但对大肠菌群中的某些菌株有时也产生一些抑制作用。猪、牛、羊三种胆盐对大肠菌群的检验效果，经实验观察无任何明显误差，可相互替代。胆盐剂量（0.5%）是适宜的，在称量时稍有差误，不会影响大肠菌群的检出。

（5）MPN 检索表

最可能数（MPN）是表示样品中活菌密度的估测。MPN 检索表是采用三个稀释度九管法，较理想的检测结果应是最低稀释度 3 管为阳性，而最高稀释度 3 管为阴性。查阅 MPN 检索表时，应注意以下几个问题。

① MPN 检索表只给了三个稀释度，即 1ml（g）、0.1ml（g）、0.01ml（g），如欲改用 10ml（g）、1ml（g）、0.1ml（g）或 0.1ml（g）、0.01ml（g）、0.001ml（g）时，则表内数字相应降低至原来的十分之一或增加至原来的 10 倍，其余可类推。

② 当检索表内三个稀释度检测结果均为阴性时，MPN 应按小于 3 报告，这样更能反映实际情况。例如 11.1ml（g）和 1.11ml（g）两个检测剂量，当它们都是阴性时，如都按零处理，则两组样品量虽相差 10 倍，但 MPN 值却无法区分，实际上两个零的含义并不相等。如按小于 3 和小于 30 处理，则 MPN 值能反映出两组所用样品量的不同，实际上 11.1ml（g）应为小于 3，而 1.11ml（g）应为小于 30，两者还是有区别的。所以用小于 3 和小于 30 处理，更能反映实际情况。

③ 在 MPN 检索表第一栏阳性管数下面列出的 ml（g），系指原样品（包括液体和固体）的 ml（g）数，并非样品稀释后的 ml（g）数，对固体样品更应注意。如固体样品 1g 经 10 倍稀释后，虽加入 1ml 量，但实际其中只含有 0.1g 样品，故应按 0.1g 计，不应按 1ml 计。

④ 我国食品卫生检验用的大肠菌群 MPN 检索表，MPN 值系表示每 100ml（g）的大肠菌群最可能数，这和我国食品卫生标准的要求是一致的。但有的 MPN 检索表内的 MPN 值为每毫升（克）的大肠菌群最可能数，故其表内的 MPN 值亦相应地减少至原来的百分之一。在查阅时应予注意和区分。

⑤ 在进行食品卫生监测时，对大肠菌群稀释度的选择〔如 11.1ml（g）、1.11ml（g）、0.111ml（g）〕主要应根据食品卫生标准要求。一般来说，对于大多数食品均可采用 1.11ml（g），个别食品例外，如食品包装用纸和有的冷饮食品，由于大肠菌群标准分别为 3 和 6，故应采用 11.1ml（g），而不能采用 1.11ml（g）。

⑥ 为了查阅方便，国家标准方法提供了一个完全的 MPN 检索表。但有的 MPN 检索表只包括经常出现的那些有统计学意义的阳性管数的组合，而那些不大可能的组合则被省略。如果出现被省略的阳性管数的组合，一般来说，最好用原样品重做检验，如果不能重做检验时，可查阅完全的 MPN 检索表。

五、实验记录

将食品样品中大肠菌群测定结果记录于表 8-4 中。

表 8-4 大肠菌群测定结果记录表

样品名称	阳性管数			大肠菌群 MPN/100ml(g)	结论	
	10^{-1}	10^{-2}	10^{-3}		大肠菌群上限	是否符合卫生要求

结论:该类食品大肠菌群上限为(　　　　　),所检样品是否符合卫生要求?

六、注意事项

详见四中 6. 结果分析判定部分。

七、预习思考题

1. 大肠菌群和大肠杆菌有什么区别?

2. 除了本实验所列的大肠菌群 MPN 检测法,你还知道有哪些方法可以检测大肠菌群含量?

八、思考题

1. 为什么食品中大肠菌群的检验要经过复发酵才能证实?

2. 不同食品中大肠菌群的限制数量是否有差异?

3. 据你观察,大肠菌群在伊红美蓝平板上一般会呈现什么样的菌落特征?

实验三十三　原生质体的制备

原生质体技术起源于 20 世纪 60 年代，而后不断丰富和发展，至今，已经形成了原生质体融合育种、原生质体诱变育种和原生质体转化育种等一系列技术。原生质体用于诱变育种可以提高外界诱变因素的作用效率，提高突变率；且原生质体再生成细胞壁的过程也可能引起微生物的基因突变而获得高产菌种；原生质体融合可以使发生基因重组的亲本不局限于 2 个，可以有更多的亲本参与，因此是一种很好的获得优良菌种的方法。

一、实验目的

1. 学习并掌握原生质体制备方法。
2. 学习并掌握原生质体再生的技术。

二、实验原理

林可链霉菌（*Streptomyces lincolnensis*）属革兰氏阳性菌，其细胞壁肽聚糖分子的骨架由 N-乙酰葡糖胺和 N-乙酰胞壁酸通过 β-1，4-糖苷键连接而成。这种 β-1，4-糖苷键易被溶菌酶水解，因此革兰氏阳性菌采用溶菌酶去除细胞壁后就可获得原生质体。溶菌酶的浓度、酶解温度、酶解时间、酶解 pH 和菌体预培养时间均对去壁效果有影响。

三、实验器材

1. 菌种

林可链霉菌，分别带有遗传标记 Str^r、Arp^r。

2. 培养基

S 培养基，P 培养基，本氏高渗培养基（均见附录Ⅱ）

3. 器材

离心机，恒温水浴锅，三角瓶，吸管，显微镜，血细胞计数器，试管，离心管，培养皿等。

四、实验步骤

1. 菌丝体获得

取林可链霉菌的新鲜斜面，用灭过菌的接种针刮下孢子接入 S 培养基中，28℃恒温振荡培养 48h，然后，用移液枪吸取菌液 1ml，转接至含 0.4％甘氨酸的 S 培养基中，其他条件不变，继续培养 24h 即可得所需的菌丝体。用移液枪吸取上述培养好的菌液 5 ml 于离心试管中，3000r/min 离心 10min。倒去上清液，用 10.3％的蔗糖溶液洗两遍，再用 P 培养基洗一遍，洗时每次用 5ml 即可。

2. 原生质体的制备

在上述收集到的菌体中，加入含 1.2mg/ml 溶菌酶的 P 培养基 3ml，在 32℃恒温保温 1h，保温期间，每隔 15min 用 5ml 的吸管吸吹数次，使已破裂的细胞壁和原生质体分离。保温结束后 1000r/min 离心 5min，将上清液吸出转移到灭过菌的离心管中，4000r/min 离心

10min，弃上清液，沉淀用 5ml P 培养基洗涤 1 次后，加入等量的 P 培养基振荡摇匀即得原生质体悬浮液。在高倍镜下观察原生质体的形态，注意是否有菌丝片段。

3. 原生质体的再生

取上述原生质体悬浮液 0.1ml，加入 0.9ml P 培养基或无菌生理盐水，使之成为 10 倍稀释液，再从 10 倍稀释液中吸取 0.1ml 加入 0.9ml P 培养基或无菌生理盐水使之成为 100 倍稀释液，接着重复上述步骤得到 1000 倍稀释液。取 0.1ml 稀释液涂布到已铺再生培养基（本氏高渗培养基）上，用三角涂布器轻轻涂匀，在 28℃恒温箱中培养 6 天后数菌落数。

4. 原生质体的再生率计算

$$再生率（\%）=（A-B）/C$$

式中　A——P 培养基稀释后再生菌落数；

　　　　B——无菌生理盐水稀释后生长菌落数；

　　　　C——血细胞计数法测得的球状体。

五、实验记录

记录于表 8-5 中。

表 8-5　原生质体实验记录表

甘氨酸添加量		溶菌酶添加量	
酶解温度		酶解时间	
P 培养基稀释后再生菌落数（A）		无菌生理盐水稀释后生长菌落数（B）	
血细胞计数法测得的球状体（C）			
原生质体再生率			

六、实验注意事项

各种菌去除细胞壁的条件不尽相同，需由实验确定甘氨酸添加量、溶菌酶添加量、酶解温度和酶解时间等。

七、预习思考题

1. 如何去除革兰氏阳性菌的细胞壁？
2. 哪些条件影响破壁效果？

八、思考题

1. 溶菌酶去除细胞壁的原理是什么？
2. 制备原生质体时，如何使原生质体不破裂？

应用微生物学实验

实验三十四　原生质体的融合

一、实验目的

学习并掌握原生质体融合的方法。

二、实验原理

原生质体融合即将不同性状细胞的原生质体，在助融剂的作用下促进两原生质体接触融合形成异核体，进一步核融合和染色体交换，形成重组子即融合子。原生质体融合可使发生基因重组的亲本不局限于 2 个，而有更多的亲本参与，因此可以整合亲本的各种优良性状，是一种很好的获得优良菌种的方法。

三、实验器材

1. 原生质体液

由实验三十三获得。

2. 培养基

同实验三十三。

3. 其他

聚乙二醇 1000、培养皿、移液管、试管、容量瓶、锥形瓶、烧杯、离心管、吸管、显微镜、台式离心机、恒温水浴等。

四、实验步骤

1. 融合

按 1∶1 比例取制备好的两亲本的原生质体于离心管中，混合均匀，3000r/min 离心 10min，弃上清液。然后用手指轻弹离心管壁，使沉淀在残余的 P 培养基中均匀分散，加入 40％聚乙二醇 1000 溶液 2ml，室温放置 5min 后，3000r/min 离心 10min，弃上清液，沉淀用 P 培养基洗涤一次后，悬浮在 3ml 的 P 培养基中。

2. 培养

将上述原生质体液涂布在不含和含有相应抗生素的再生培养基平板（即非选择性和选择性培养基）上，28℃培养 5～7 天。

3. 检出融合子

利用选择培养基上的遗传标记，确定是否为融合子。

4. 融合率的计算

融合率＝选择培养基上的菌落数/非选择性平板上的菌落数

五、实验记录

记录于表 8-6。

表 8-6　原生质体融合实验记录表

PEG 分子量		PEG 浓度	
PEG 添加量		PEG 作用时间	
非选择性平板上的菌落数		选择培养基上的菌落数	
原生质体融合率			

六、实验注意事项

PEG 有毒，因此作用的时间不能过长。

七、预习思考题

为什么选择 PEG1000 作为原生质体融合的助融剂？

八、思考题

1. 原生质体融合有哪些方法？
2. 如果亲本没有遗传标记能否进行原生质体融合？

附录Ⅰ 常用染色液的配制

1. 齐氏（Ziehl）石炭酸复红染色液

溶液 A：碱性复红（basic fuchsin）0.3 g，95％乙醇 10 ml。

溶液 B：石炭酸 5.0 g，蒸馏水 95 ml。

将碱性复红研磨后，加入 95％乙醇，继续研磨使之溶解，配成溶液 A。

将石炭酸溶解于水中，配成溶液 B。

混合溶液 A 和 B。通常可将此混合液稀释 5～10 倍后使用。但稀溶液易变质，故一次不宜多配。

2. 吕氏（Loeffler）美蓝染色液

溶液 A：美蓝（methylene blue）0.3 g，95％乙醇 30 ml。

溶液 B：KOH 0.01 g，蒸馏水 100 ml。

分别配制溶液 A 和 B，配好后混匀即成。

3. 革兰氏（Gram）染色液

（1）草酸铵结晶紫染色液

溶液 A：结晶紫（crystal violet）2.5 g，95％乙醇 25 ml。

溶液 B：草酸铵 1.0 g，蒸馏水 100 ml。

分别配制溶液 A 和 B，配好后混匀即可。

（2）路哥尔（Lugol）碘液

碘 1.0 g，KI 2.0 g，蒸馏水 300 ml，先将 KI 溶解在一小部分蒸馏水中，再将碘溶解在 KI 溶液中，然后加蒸馏水至 300ml 即成。

（3）沙黄染色液（又称番红复染液）

沙黄（safranine）2.5 g，95％乙醇 100 ml。取上述配好的沙黄乙醇液 10ml 和 90ml 蒸馏水混匀，即成沙黄稀释液。

4. 芽孢染色液

（1）孔雀绿染色液

孔雀绿（malachite green）5 g，蒸馏水 100ml。

（2）沙黄染色液（又称番红复染液）

沙黄（safranine）2.5 g，95％乙醇 100 ml。取上述配好的沙黄乙醇液 10ml 和 90ml 蒸馏水混匀，即成沙黄稀释液。

5. 荚膜染色液

（1）黑色素（nigrosin）水溶液

水溶性黑色素 10g，蒸馏水 100 ml。

10g 水溶性黑色素溶于 100ml 蒸馏水中，沸水浴中放置 30min，然后用滤纸过滤 2 次，补充蒸馏水至 100ml，再加 0.5ml 甲醛。

（2）结晶紫冰醋酸染色液

结晶紫（crystal violet）0.1g，冰醋酸 0.25 ml，蒸馏水 100 ml。

6. 鞭毛染色液

（1）硝酸银染色液

A液：单宁酸 5g，FeCl₃ 1.5g，蒸馏水 100ml。待溶解后，加入 1％ NaOH 溶液 1ml 和 15％甲醛溶液 2ml。

B液：硝酸银 2g，蒸馏水 100ml。将硝酸银溶于水中，待硝酸银溶解后，取出 10ml 备用。向其余的 90ml B 液中滴加浓氢氧化铵溶液，当出现大量沉淀时再继续加氢氧化铵，直到溶液中沉淀刚刚消失变澄清为止。然后将备用的 10ml B 液缓缓加入，至出现轻微和稳定的薄雾为止（此操作非常关键，应格外小心）。在整个滴加过程中要边滴边充分振荡。配好的染色液当日有效，4h 内效果最好。

（2）Bailey 染色液

A液：10％ 单宁酸水溶液　18ml，6％ FeCl₃·H₂O　6ml。

此液必须在使用前 4 天配好，可储存一个月，但临用前必须过滤。

B液：A 液　3.5ml，0.5％ 碱性复红酒精液 0.5ml，浓盐酸 0.5ml。

此溶液必须按顺序配成，应现配现用，超过 15h 则效果不好，24h 后则不可使用。

7. 抗酸性染色液

3％盐酸乙醇液：浓盐酸 3ml，95％乙醇 97ml。

附录Ⅱ 常用培养基配方

1. 牛肉膏蛋白胨液体培养基（g/L）

牛肉膏 5.0，蛋白胨 10.0，NaCl 5.0，pH7.2～7.4。

2. 牛肉膏蛋白胨固体培养基（g/L）

牛肉膏 5.0，蛋白胨 10.0，NaCl 5.0，琼脂 15～20，pH7.2～7.4。

3. 高氏（Gause）1号培养基（g/L）

可溶性淀粉 20.0，KNO_3 1.0，NaCl 0.5，K_2HPO_4 0.5，$MgSO_4$ 0.5，$FeSO_4$ 0.01，琼脂 15～20，pH7.2～7.4。

4. PDA培养基（马铃薯培养基）（g/L）

马铃薯 200，葡萄糖 20，pH 自然。

取马铃薯，去皮后称取所需的量，然后将其切成小块，加水煮沸 30min 后，纱布过滤得马铃薯滤液，再加入葡萄糖和琼脂并补足水到相应的体积；如不加琼脂为 PDB 培养基，以蔗糖代替葡萄糖称为 PSA 培养基。

5. 察氏（Czapek）培养基（g/L）

$NaNO_3$ 2.0，K_2HPO_4 1.0，KCl 0.5，$MgSO_4 \cdot 7H_2O$ 0.5，$FeSO_4$ 0.01，蔗糖 30.0，琼脂 15.0～20.0，pH 自然。

6. 沙保培养基（g/L）

葡萄糖 40.0，蛋白胨 10.0，琼脂 18～25，pH 自然。

7. 无氮培养基（g/L）

甘露醇（或葡萄糖）10.0，KH_2PO_4 0.2，$MgSO_4 \cdot 7H_2O$ 0.2，NaCl 0.2，$CaSO_4 \cdot H_2O$ 0.2，$CaCO_3$ 5.0，琼脂 15.0～20.0，pH7.0～7.2。

8. 糖发酵培养基（g/L）

葡萄糖（或乳糖，或其他糖）10.0，蛋白胨 10.0，0.5%酸性复红水溶液 * 2～5ml，pH7.6（分装于有杜氏小管的试管（15mm×150mm）中，每管约 5ml）。

＊100ml 0.5%酸性复红水溶液加入 1mol/L NaOH 16ml 即成。

9. 葡萄糖蛋白胨培养基（g/L）

葡萄糖 5.0，蛋白胨 5.0，K_2HPO_4 5.0，pH7.0～7.2。

10. 淀粉培养基（g/L）

可溶性淀粉 20，牛肉膏 5.0，蛋白胨 10.0，NaCl 5.0，琼脂 15.0～20.0，pH7.2。

11. 硝酸盐还原试验培养基（g/L）

蛋白胨 10.0，KNO_3 1.0～2.0，pH7.4。

12. 硫化氢培养基（g/L）

蛋白胨 20.0，NaCl 5.0，柠檬酸铁铵 0.5，$Na_2S_2O_3$ 0.5，琼脂 15～20，pH7.2。

13. 蛋白胨水培养液（g/L）

蛋白胨 10.0，NaCl 5.0，pH7.4～7.6。

14. 石蕊牛乳培养基（g/L）

脱脂牛奶粉 100，石蕊 0.075，pH6.8。

15. 本氏培养基（g/L）

酵母膏 1.0，牛肉膏 1.0，葡萄糖 10.0，蛋白胨 2.0，琼脂 15.0～20.0。

16. 明胶培养基（g/L）

牛肉膏蛋白胨液 100ml，明胶 12～18，pH7.2～7.4。

17. 伊红-美蓝培养基（EMB 培养基）(g/L) ＊

蛋白胨琼脂培养基（蛋白胨 10，蒸馏水 1000ml，琼脂 15～20，pH7.6）100ml，20% 乳糖 3ml，2%伊红水溶液 2ml，0.5%美蓝水溶液 1ml。

＊ 将已灭菌的蛋白胨琼脂培养基加热熔化并冷至约 60℃，再依次加入已灭菌的乳糖水溶液、伊红水溶液和美蓝水溶液（三种水溶液的灭菌条件：115℃，20min），摇匀后立即倒入无菌培养皿。

18. 马丁氏（Martin）琼脂培养基（g/L）

葡萄糖 10，蛋白胨 5，KH_2PO_4 1，$MgSO_4 \cdot 7H_2O$ 0.5，1/3000 孟加拉红水溶液 100ml，琼脂 15～20，临用前加入 0.03%链霉素溶液 100ml（每毫升培养基链霉素的含量为 $30\mu g$）。

19. 油脂培养基（g/L）

蛋白胨 10，牛肉膏 5，NaCl 5，植物油 10ml，1.6%中性红水溶液＊1ml，琼脂 15～20，pH7.2。

＊ 调好 pH 再加中性红。

20. LB 培养基（g/L）

蛋白胨 10，酵母粉 5g，NaCl 10，pH7.2～7.4。

21. 细菌营养缺陷型菌株筛选培养基

（1）完全培养基（g/L）：葡萄糖 5，牛肉膏 3，酵母膏 3，蛋白胨 10，$MgSO_4 \cdot 7H_2O$ 2，琼脂 15～20，pH7.2。

（2）基本培养基（g/L）：葡萄糖 5，$(NH_4)_2SO_4$ 2，柠檬酸钠 1，$MgSO_4 \cdot 7H_2O$ 0.2，KH_2PO_4 6，K_2HPO_4 4，琼脂 15～20，pH7.2。

（3）无氮培养基：（g/L）：葡萄糖 5，柠檬酸钠 1，$MgSO_4 \cdot 7H_2O$ 0.2，KH_2PO_4 6，K_2HPO_4 4，pH7.2。

（4）2 倍氮源培养基（g/L）：葡萄糖 5，$(NH_4)_2SO_4$ 4，柠檬酸钠 1，$MgSO_4 \cdot 7H_2O$ 0.2，KH_2PO_4 6，K_2HPO_4 4，pH7.2。

22. 制备放线菌原生质体培养基

（1）S 培养基（g/L）：葡萄糖 1，酵母膏 4，蛋白胨 4，$MgSO_4 \cdot 7H_2O$ 0.5，KH_2PO_4 2，K_2HPO_4 4，微量元素溶液 4ml，加去离子水至 1000ml，pH 自然。二级菌丝培养时加入甘氨酸 5

（2）P 培养基（原生质体稳定液，g/L）：蔗糖 103，K_2SO_4 0.25，$MgCl_2 \cdot 6H_2O$ 2.03，微量元素溶液 2ml，加去离子水至 800ml。

在 250ml 的三角瓶中加入上述溶液 80ml，分装 10 瓶，灭菌后备用。

使用前在 80ml P 稳定液中分别加 0.05g/L KH_2PO_4 溶液 1ml，36.8g/L $CaCl_2 \cdot 2H_2O$ 溶液 10ml，57.3 g/L TES 缓冲液（pH=7.2）10ml。

（3）本氏高渗培养基（原生质体再生用，g/L）：在本氏培养基中，加入 103 g/L 蔗糖，4.07 g/L $MgCl_2$，灭菌后备用，使用前每 100ml 加入 36.8g/L $CaCl_2 \cdot 2H_2O$ 溶液 1ml。

（4）微量元素溶液（g/L）：$ZnCl_2$ 0.04，$FeCl_3 \cdot 6H_2O$ 0.2，$CuCl_2 \cdot 2H_2O$ 0.01，$MnCl_2 \cdot 4H_2O$ 0.01，$Na_2B_4O_7 \cdot 10H_2O$ 0.01，$(NH_4)_6Mo_7O_{24} \cdot 4H_2O$ 0.01。

23. 细菌营养实验用培养基

（1）合成培养基（g/L）：葡萄糖 10，K_2HPO_4 0.5，$CaCO_3$ 5，NH_4Cl 0.1，$MgSO_4 \cdot 7H_2O$ 0.2，NaCl 0.2，$MnSO_4 \cdot 4H_2O$ 0.005，$FeCl_3 \cdot 6H_2O$ 0.005，pH7.4。

（2）缺糖培养基：合成培养基中不加葡萄糖。

（3）缺氮培养基：合成培养基中用 0.6g NaCl 代替 NH_4Cl。

（4）缺磷培养基：合成培养基中用 K_2CO_3 代替 K_2HPO_4。

24. YPD 培养基（g/L）

酵母膏 10，蛋白胨 20，葡萄糖 20，若制固体培养基，琼脂 15～20。

25. 乳糖胆盐发酵培养基（g/L）

蛋白胨 20，猪胆盐 5，乳糖 10，溴甲酚紫 0.01，pH 7.2～7.6。

附录Ⅲ 常用缓冲液的配制

1. Tris-HCl 缓冲液

（1）1mol/L Tris-HCl 不同 pH 缓冲液的配制

称取 Tris 121.1g，加入 900ml 水溶解，再按下表加入浓盐酸，调 pH 至所需值后，加蒸馏水定容至 1000ml。

缓冲液 pH	7.4	7.5	8.0
所需浓盐酸/ml	70	60	42

（2）0.1mol/L Tris-HCl 不同 pH 缓冲液的配制

取 50ml 10 倍稀释后 1mol/L Tris 溶液，再按下表加入 0.1 mol/L 盐酸混合，加蒸馏水定容至 100ml。

缓冲液 pH	所需 0.1mol/L 盐酸/ml	缓冲液 pH	所需 0.1mol/L 盐酸/ml
7.1	45.7	8.1	26.2
7.2	44.7	8.2	22.9
7.3	43.4	8.3	19.9
7.4	42.0	8.4	17.2
7.5	40.3	8.5	14.7
7.6	38.5	8.6	12.4
7.7	36.6	8.7	10.3
7.8	34.5	8.8	8.5
7.9	32.0	8.9	7.0
8.0	29.2		

2. 磷酸缓冲液

（1）0.1mol/L K_2HPO_4-KH_2PO_4 不同 pH 缓冲液的配制

称取 K_2HPO_4 17.4g，溶解于蒸馏水后定容至 1000ml。称取 KH_2PO_4 13.6g，溶解于蒸馏水后定容至 1000ml。然后按下表加入相应的溶液即可。

缓冲液 pH	0.1mol/L K_2HPO_4/ml	0.1mol/L KH_2PO_4/ml
6.0	13.2	86.8
7.0	61.5	38.5
8.0		

（2）0.2mol/L Na_2HPO_4-NaH_2PO_4 不同 pH 缓冲液的配制

称取 $Na_2HPO_4 \cdot 2H_2O$ 35.61g，溶解于蒸馏水后定容至 1000ml。称取 $NaH_2PO_4 \cdot 2H_2O$ 31.21g，溶解于蒸馏水后定容至 1000ml。然后按下表加入相应的溶液即可。

缓冲液 pH	0.2mol/L Na_2HPO_4/ml	0.2mol/L NaH_2PO_4/ml
5.8	8.0	92.0
6.0	12.3	87.7
7.0	61.0	39.0
7.2	72.0	28.0

3. 硼砂-硼酸缓冲液（0.2mol/L 硼酸根）

称取硼砂 $Na_2HB_4O_7 \cdot H_2O$ 19.07g，溶解于蒸馏水后定容至1000ml。称取硼酸 H_2BO_4 12.37g，溶解于蒸馏水后定容至1000ml。然后按下表加入相应的溶液即可。

缓冲液 pH	硼砂溶液/ml	硼酸溶液/ml	缓冲液 pH	硼砂溶液/ml	硼酸溶液/ml
7.4	10	90	8.2	35	65
7.6	15	85	8.4	45	55
7.8	20	80	8.7	60	40
8.0	30	70	9.0	80	20

4. 0.1mol/L 柠檬酸-柠檬酸钠缓冲液

称取柠檬酸 $C_6H_8O_7 \cdot H_2O$ 21.01g，溶解于蒸馏水后定容至1000ml。称取柠檬酸钠 $Na_3C_6H_5O_7 \cdot 2H_2O$ 29.41g，溶解于蒸馏水后定容至1000ml。然后按下表加入相应的溶液即可。

缓冲液 pH	柠檬酸溶液/ml	柠檬酸钠溶液/ml	缓冲液 pH	柠檬酸溶液/ml	柠檬酸钠溶液/ml
3.0	93.0	7.0	5.0	41	59
3.2	86.0	14.0	5.2	36.5	63.5
3.4	80.0	20.0	5.4	32	68
3.6	74.5	25.5	5.6	27.5	72.5
3.8	70.0	30.0	5.8	23.5	76.5
4.0	65.5	34.5	6.0	19	81
4.2	61.5	38.5	6.2	14	86
4.4	57.0	43.0	6.4	10	90
4.6	51.5	48.5	6.6	7	93
4.8	46	54			

参考文献

[1]　朱旭芬主编.现代微生物学实验技术.杭州：浙江大学出版社，2011.

[2]　周德庆主编.微生物学实验教程.北京：高等教育出版社，2006.

[3]　许建和主编.生物催化工程.上海：华东理工大学出版社，2008.

[4]　袁勤生主编.酶与酶工程.上海：华东理工大学出版社，2012.

[5]　国家药品监督管理局.药品生产质量管理规范.2010.

[6]　病原微生物实验室生物安全管理条例.2014.

[7]　赵斌，林会，何绍江主编.微生物学实验.北京：科学出版社，2014.

[8]　赵海泉主编.微生物学实验指导.北京：中国农业大学出版社，2014.

[9]　张兰河，贾艳萍，王旭明编.微生物学实验.北京：化学工业出版社，2013.

[10]　吴建祥，李桂新主编.分子生物学实验.杭州：浙江大学出版社，2014.

[11]　任峰主编.分子生物学实验教程.武汉：华中师范大学出版社，2013.

[12]　Gerald Karp. Cell and Molecular Biology: Concepts and Experiments, John Wiley & Sons, 2013.

应用微生物学实验